Claus Richter

Optimierung in C++

Claus Richter

Optimierung in C++

Grundlagen und Algorithmen

Verlag GmbH & Co. KGaA

Autor

Claus Richter
Gerhart-Hauptmann-Str. 1
01219 Dresden
Deutschland

Bibliografische Information der Deutschen Nationalbibliothek
Die Deutsche Nationalbibliothek verzeichnet diese Publikation in der Deutschen Nationalbibliografie; detaillierte bibliografische Daten sind im Internet über http://dnb.d-nb.de abrufbar.

Umschlaggestaltung Formgeber, Mannheim, Deutschland
Satz le-tex publishing services GmbH, Leipzig, Deutschland
Druck und Bindung Markono Print Media Pte Ltd, Singapore

Print ISBN 978-3-527-34107-8
ePDF ISBN 978-3-527-80079-7
ePub ISBN 978-3-527-80080-3
Mobi ISBN 978-3-527-80081-0

Gedruckt auf säurefreiem Papier.

Für meine liebe Frau Hannelore

Inhaltsverzeichnis

Vorwort

Bücher zur Implementierung numerischer Verfahren der Optimierung sind seit vielen Jahren gefragt. Die Behandlung mathematisch-naturwissenschaftlicher, technischer und ökonomischer Fragestellungen erfordert in wachsendem Umfang die Lösung linearer oder nichtlinearer Optimierungsaufgaben. Gegenüber den ersten Bemühungen in den 40er- und 50er-Jahren haben sich hierfür die Voraussetzungen auf dem Gebiet der Informatik wesentlich verbessert. Nicht nur Rechenzeit und Speicherplatz haben eine andere Bewertung erfahren, auch Programmierparadigmen und die Nutzung von Dialogmöglichkeiten haben sich geändert. Dieser Entwicklung folgend, werden im vorliegenden Buch Probleme und Lösungsverfahren als Klassen der objektorientierten Programmierung aufgefasst. Die Formulierung der zu lösenden Optimierungsaufgabe und die Auswahl der Lösungsmethode erfolgt im Dialog, die Ergebnisse der Berechnung werden automatisch gespeichert. Im Unterschied zu komplexen Systemen, wie Matlab sind die einzelnen Routinen modifizierbar und separat nutzbar. Seit den Arbeiten von Kantorovich [1] und Dantzig [2] zum Simplexverfahren hat auch die Entwicklung effektiver numerischer Verfahren der Optimierung eine stürmische Entwicklung genommen. Ihre theoretische Begründung und sachgerechte Implementierung stellt inzwischen einen eigenständigen Problemkreis dar, welcher als Numerik der Optimierung (in englischer Sprache als „Computational Mathematical Programming“, in russischer Sprache als „Vycislitelnye metody programmirovanija“) bezeichnet wird. Die Aneignung der auf diesem Gebiet vorhandenen Erkenntnisse, noch mehr aber das Erleben des Zusammenhangs von beschriebenem Algorithmus, umgesetztem Programm und bereitgestellter Nutzeroberfläche werden zum Bedürfnis des an der Optimierung interessierten Praktikers. Gegenstand des Buches sind deshalb nicht in erster Linie theoretische Grundlagen, sondern Fragen der praktischen Realisierung der Verfahren mit modernen Mitteln der Informatik. Es soll einen Einstieg in die Behandlung von Optimierungsaufgaben auf Computern ermöglichen.

Für praktische Hilfeleistungen beim Zustandekommen des Buches bin ich Klaus Schönefeld zu Dank verpflichtet. In gleicher Weise danke ich Thomas Cassebaum für die Möglichkeit, die von ihm bereitgestellte Entwicklungsumgebung „SmallCpp“ nutzen zu können und in C++-Fragen in ihm jederzeit einen guten Gesprächspartner gefunden zu haben. Ermutigende Worte und gute Ratschläge vieler Kollegen, insbesondere von Diethard Pallaschke, Oleg Burdakov, Manfred Grauer und Gerd Langensiepen, haben den Entstehungsprozess befördert. Dem Wiley-Verlag danke ich für die Möglichkeit, die Ergebnisse meiner Überlegungen zu publizieren. Schließlich möchte ich meiner Frau Hannelore für das Verständnis danken, mit dem sie die Belastung mitgetragen hat, welche dem Autor aus dem Schreiben eines Buches erwächst. Die Publikation von Algorithmen und Programmen schließt zu erwartende Kritiken und Hinweise von vornherein ein. Sie werden von mir sorgfältig berücksichtigt und in die Aufbereitung weiterer Programmversionen eingearbeitet.

Claus Richter

1
Einleitung

1.1
Das lineare und das nichtlineare Optimierungsproblem

Im vorliegenden Buch werden Optimierungsaufgaben betrachtet, die dadurch charakterisiert sind, dass eine lineare oder nichtlineare Zielfunktion f unter linearen oder nichtlinearen Ungleichungsnebenbedingungen minimiert wird, d. h.

$$f(x) = \min! \quad \text{bei} \quad x \in G = \{x : g_i(x) \leq 0 \quad i \in I\} \; , \tag{1.1}$$

wobei I

$$I = \{i : i = 1, \dots, m\}$$

die Indexmenge der Ungeichungsrestriktionen bezeichnet. Gleichungsrestriktionen werden der Übersichtlichkeit halber zunächst weggelassen. An geeigneten Stellen werden sie zusätzlich berücksichtigt.

1.2
Definitionen und Bezeichnungen

Für die weiteren Überlegungen benötigen wir folgende Bezeichnungen:

- n-dimensionaler Euklidischer Raum: R^n,
- Menge der reellen Zahlen: R,
- nichtnegativer Orthant des n-dimensionalen Euklidischen Raumes: R^n_+,
- Euklidische Norm: $\| x \|_2 = (x^T x)^{1/2}$,
- Betragssummennorm: $\| x \|_1 = \sum_{i=1}^m |x_i|$,
- (m, n)-Matrix A: rechteckiges Zahlenschema $A = (a_{i,j})$ von $m * n$ Zahlen, angeordnet in m Zeilen und n Spalten,
- quadratische Matrix: (m, n)-Matrix A mit $m = n$,
- Diagonalmatrix A: quadratische Matrix A mit $a_{ij} = 0$ für $i \neq j$ und $a_{ii} \neq 0$,
- Einheitsmatrix I: Diagonalmatrix A mit $a_{ii} = 1$,
- obere Dreiecksmatrix A: quadratische Matrix A mit $a_{ij} = 0, i > j$,
- untere Dreiecksmatrix A: quadratische Matrix A mit $a_{ij} = 0, i < j$,

Optimierung in C++, 1. Auflage. Claus Richter.

- positiv definite Matrix A: quadratische Matrix A mit $x^T Ax > 0$ für alle $x \neq 0$,
- symmetrische Matrix A: quadratische Matrix A mit $a_{ij} = a_{ji}$,
- transponierte Matrix A^T zu A: Matrix A^T mit $A^T = (a_{ji})$,
- inverse Matrix A^{-1} zur Matrix A: Matrix mit der Eigenschaft $A * A^{-1} = I$,
- nichtsinguläre Matrix A: die inverse Matrix A^{-1} zu A existiert,
- orthogonale Matrix A: Matrix mit der Eigenschaft $A^T = A^{-1}$,
- transponierter Vektor: $x^T = (x_1, \dots, x_n)$,
- Gradient einer Funktion $f : R^n \to R$

$$\nabla f(x) := \left(\frac{\partial}{\partial x_1} f(x), \dots, \frac{\partial}{\partial x_n} f(x) \right)^T ,$$

- Hesse-Matrix einer Funktion $f : R^n \to R$

$$\nabla^2 f(x)_{ij} := \frac{\partial^2}{\partial x_i \partial x_j} f(x) \quad i, j = 1, \dots, n ,$$

- Lagrange-Funktion für die Aufgabe (1.1)

$$L(x, u) = f(x) + \sum_{i=1}^{m} u_i g_i(x) ,$$

- Ableitung der Lagrange-Funktion nach den Komponenten des 1. Arguments

$$\nabla_1 L(x, u) = \nabla f(x) + \sum_{i=1}^{m} u_i \nabla g_i(x) ,$$

- zweite Ableitung der Lagrange-Funktion nach den Komponenten des 1. Arguments

$$\nabla_{11} L(x, u) = \nabla_{11} f(x) + \sum_{i=1}^{m} u_i \nabla_{11} g_i(x) ,$$

- Indexmenge $I(x)$ der in x aktiven Restriktionen

$$I(x) = \{i : g_i(x) = 0, \ i \in \{1, \dots, m\}\} ,$$

- Vektor, dessen Komponenten alle gleich 1 sind: $e = (1, \dots, 1)^T$,
- i-ter Einheitsvektor: $e_i = (0, \dots, 0, 1, 0, \dots, 0)^T$,
- die Menge $G^0 := \{x : g_i(x) < 0, i = 1, \dots, m\}$.

1.3 Spezialfälle linearer und nichtlinearer Optimierungsaufgaben

Besitzen Zielfunktion f und der zulässige Bereich G bzw. Nebenbedingungen g_i und g_j eine spezielle Gestalt, so können zur Lösung von (1.1) spezielle Verfahren herangezogen werden. Für die Zielfunktion f sind folgende Strukturen interessant:

1. Allgemeine nichtlineare Zielfunktion $f(x)$.
2. Lineare Zielfunktion $f(x) = c^T x$.
3. Quadratische Zielfunktion $f(x) = \frac{1}{2}x^T Cx + d^T x$.
4. Quadratsumme (Regression)

$$f(x) = \sum_{i=1}^{m}(y_i - f(x, t_i))^2 , \quad y_i \text{ – Messwerte zum Messpunkt } t_i \ .$$

5. Maximum von Funktionen $f(x) = \max f_j(x) \quad (j = 1, \ldots, l)$.

In Bezug auf die Nebenbedingungen N sind folgende Situationen typisch:

1. Allgemeine nichtlineare Nebenbedingungen.
2. Lineare Nebenbedingungen $g_i(x) = a_i^T x + b_i \quad (i = 1, \ldots, m)$.
3. Keine Nebenbedingungen $G = R^n$.

In den folgenden Kapiteln werden spezielle Kombinationen von Zielfunktion und Nebenbedingungen eine besondere Rolle spielen:

- lineare Optimierung (L): $f2 + N2$,
- quadratische Optimierung (Q): $f3 + N2$,
- allgemeine nichtlineare Optimierungsaufgabe (C): $f1 + N1$,
- unbeschränkte Minimierung (U): $f1 + N3$,
- Regressionsprobleme (P): $f4 + N3$, $f4 + N1$.

Die Spezifikationen L, Q, C, U und P werden in der Charakterisierung der implementierten Beispiele im Programmsystem „Optisoft" verwendet. Über die dargestellten Kombinationen von Zielfunktion und Nebenbedingungen hinaus spielen Aufgaben der nichtglatten Optimierung eine besondere Rolle. Diese finden im vorliegenden Buch keine Beachtung. Gleiches gilt auch für Optimierungsaufgaben mit sehr vielen Variablen: $n > 100$, sofern sie nicht als Teilprobleme zur Lösung von (1.1) auftreten.

Obwohl die spezifische Gestalt von Zielfunktion und Nebenbedingungen interessant ist, wie etwa in der geometrischen Optimierung

$$f(x) = \sum_{k=1}^{r} c_{k(o)} \prod_{i=1}^{n} x_i a_{ik}^0$$

$$g_j(x) = \sum_{k=1}^{r} c_{k(j)} \prod_{i=1}^{n} x_i a_{ij} \quad (j = 1, \ldots, m) ,$$

wird diese nicht explizit berücksichtigt.

In der Betrachtung von Optimierungsverfahren gehen wir von dem Grundmodell (1.1) aus. Für Least-Square-Probleme in Differenzialgleichungsmodellen und bei Strukturoptimierungsproblemen liegen spezielle Aufgaben zugrunde. Diese werden in den folgenden Kapiteln näher erläutert.

1.4 Anwendungen

Nichtlineare Optimierungsprobleme spielen in vielen Anwendungsbereichen eine wichtige Rolle, z. B. in der

- Luft- und Raumfahrt (Steuerung, Konstruktion),
- Mechanik (Optimierung mechanischer Strukturen, z. B. von Tragwerken),
- Elektrotechnik (Transformatorkonstruktion),
- Chemie (Gleichgewichtsprobleme),
- Medizin, Soziologie (Statistische Probleme),
- Betriebswirtschaft (Planungsmodelle),
- Physik (Kernforschung),
- Energiewesen (Energieverteilung).

Typische Anwendungsbeispiele finden sich in den Büchern von Bracken und McCormick [3] oder Beightler und Phillips [4]. Einige mathematische Fragestellungen, welche bei der Lösung praktischer Probleme auf Optimierungsverfahren zurückgreifen, werden im Buch näher betrachtet:

1.4.1 Strukturoptimierung

Die Strukturoptimierung wird schon seit einigen Jahren in der computergestützten Konstruktion eingesetzt. In der zugrundeliegenden Aufgabenstellung wird dabei zwischen Querschnitts-, Form-, und Topologieoptimierung (der eigentlichen Strukturoptimierung) unterschieden. Grundlegende Fragestellung ist dabei, die Struktur und die Abmessungen von Konstruktionen derart zu wählen, dass zum einen die mechanischen Randbedingungen erfüllt und zum anderen der Materialeinsatz und damit die Kosten möglichst gering sind.

Obwohl die Berücksichtigung der Nebenbedingungen oft die Koppelung mit komplizierten Berechnungsvorschriften – z. B. FEM-Solvern – erfordert, soll das Grundprinzip an folgendem Beispiel erläutert werden:

Beispiel 1.1 Ziel ist die Erstellung von Bemessungstafeln für geschweißte I-Träger mit Querschnitten minimalen Gewichts (Abb. 1.1).
Da das Gewicht eines Trägers mit vorgegebener Länge proportional zum Querschnitt ist, lautet die Zielfunktion

$$f(x) = (x_1 - 2x_4)x_2 + 2x_3x_4 \ .$$

Tragsicherheitsnachweise (g_1, g_2), Beulsicherheitsnachweise (g_3, g_4) und konstruktive Restriktionen $(g_5 - g_{10})$ führen zu den Nebenbedingungen $g_i \leq 0$:

$$g_1(x) = \begin{cases} M_{pl}(x) - M_v & \text{für} \quad |N_v|/f(x) < 0.1\sigma_F \\ M_{pl}(x)(1.1 - |N_v|/(f(x)\sigma_F)) - M_v & \text{sonst} \end{cases}$$

$$g_2(x) = 0.8 f(x)\sigma_F - N_v$$

$$g_3(x) = 17 - \frac{x_3}{x_4}$$

$$g_4(x) = \begin{cases} 43 - x_1/x_2 & \text{für} \quad |N_v|/f(x) < 0.27\sigma_F \\ 70(1.1 - 1.4|N_v|/(f(x)\sigma_F)) - x_1/x_2 & \text{sonst} \end{cases}$$

$$g_5(x) = 1000 - x_1$$

$$g_6(x) = 60 - x_2$$

$$g_7(x) = 60 - x_4$$

$$g_8(x) = x_2 - 5$$

$$g_9(x) = x_4 - 5$$

$$g_{10}(x) = \frac{x_1}{4} - x_3$$

wobei $M_{pl}(x) := \sigma_F((x_1 - x_4)x_3x_4 + (x_1 - 2x_4)^2 x_2/4)$.
Die Größen M_v, N_v und σ_F sind konstante Parameter. Die Anzahl der Variablen ist 4, und es liegen 10 Ungleichheitsrestriktionen vor.

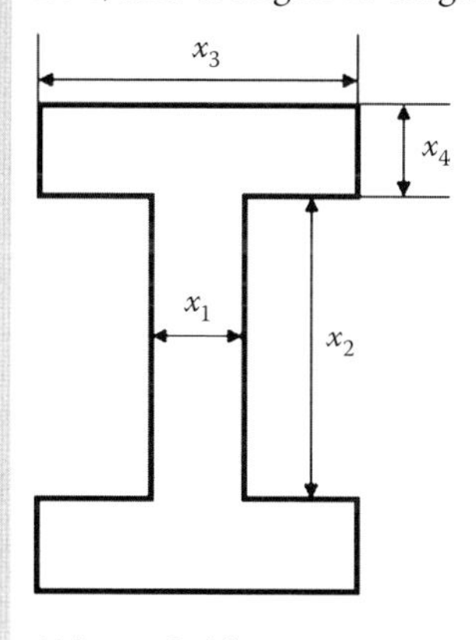

Abb. 1.1 Stahlträger.

1.4.2
Das Least-Squares-Problem

Spezielle nichtlineare Optimierungsaufgaben treten bei der Parameterbestimmung von Modellen auf, die einen in Natur- oder Technikwissenschaften vorliegenden Zusammenhang qualitativ beschreiben. Sind über diesen Zusammenhang Resultate von Experimenten bekannt, kann man die Methode der kleinsten

Quadrate anwenden, um die Koeffizienten näherungsweise zu bestimmen. Das zugehörige Optimierungsproblem lautet:

$$f(z) = \|z\| = \min!$$

bei

$$\begin{aligned} z_i = h_i(x) = y_i - y(x, t_i) \quad (i = 1, \ldots, l) \,, \\ g_j(x) = 0 \quad (j = 1, \ldots, m_1) \qquad\qquad a \leq x \leq b \,. \\ g_j(x) \leq 0 \quad (j = m_1 + 1, \ldots, m) \end{aligned} \tag{1.2}$$

Hierbei sind

$y(x, t)$ – die gewählte Modellfunktion,
x – der Parametervektor, dessen Komponentenwerte zu bestimmen sind
t_i – der i-te Wert der (u. U. vektorwertigen) unabhängigen Veränderlichen,
y_i – die i-te Beobachtung der (u. U. vektorwertigen) unabhängigen Veränderlichen,
a, b – Schrankenvektoren für den Vektor x.

Entsprechend der Wahl der Norm haben wir es mit einer linearen oder quadratischen Zielfunktion zu tun. Die vorliegende Formulierung gestattet die Berücksichtigung zusätzlicher Nebenbedingungen. Beim Vorliegen von Differenzialgleichungen wird die Aufgabe wie folgt modifiziert:

$$f(z) = \|z\| = \min!$$

bei

$$\begin{aligned} z_i = y_{ij} - y(x, t_j) \\ g_j(x) = 0 \\ g_j(x) \leq 0 \qquad a \leq x \leq b \,. \\ \dot{y} = \phi(x, y, t) \end{aligned} \tag{1.3}$$

Eventuell treten zusätzlich Anfangsbedingungen der Form

$$y(t_o) = y^o \tag{1.4}$$

auf.

Diese können gegebenenfalls in die Least-Square-Formulierung einbezogen werden.

1.4.3 Optimale Steuerung

Das Problem der optimalen Steuerung besteht darin, eine Funktion unter Differenzialgleichungsnebenbedingungen sowie Anfangs- und Endbedingungen zu minimieren:

$$J(x(t), u(t)) = \psi(x(a), a, x(b), b) = \min!$$

bei

$$\begin{aligned} \dot{x}(t) &= \phi(t, x(t), u(t)) \\ r(a, x(a), b, x(b)) &= 0 \\ c(t, x(t)) &\leq 0 \\ c(t, u(t)) &< 0\,. \end{aligned} \tag{1.5}$$

Durch Spline-Approximation der Steuerungsfunktion und Anwendung von Lösungsmethoden für Differenzialgleichungssysteme ist es möglich, das Problem der optimalen Steuerung in eine nichtlineare Optimierungsaufgabe zu transformieren. Hierzu wird die Kopplung einer Mehrfachschießmethode mit einer SQP-Methode betrachtet.

Diese Kopplung ist sehr effektiv und eine Alternative zur Verwendung von Straf-Barriere-Verfahren, welche von Kraft publiziert wurde [5].

2
Grundlagen

In den folgenden Kapiteln werden Lösungsverfahren für lineare und nichtlineare Optimierungsverfahren beschrieben. Dabei geht es in vielen Fällen darum, Punkte zu bestimmen, welche notwendige Optimalitätsbedingungen erfüllen. Zu deren Formulierungen sind grundlegende Begriffe und Aussagen zusammenzustellen. Darüber hinaus werden wünschenswerte Eigenschaften der später betrachteten numerischen Verfahren beschrieben und nachgewiesen. Obwohl moderne Optimierungssoftware in der Regel als geschlossenes System konzipiert wird, sollte auch der Anwender einige theoretische Grundkenntnisse besitzen, um die Dokumentation besser zu verstehen und um die Ausgabe, insbesondere im Fehlerfall analysieren zu können. Für spezielle Anwendungsbereiche oder aus organisatorischen Gründen kann der Entwurf eines eigenen Programms erforderlich sein, was ebenfalls Grundkenntnisse aus der Optimierungstheorie voraussetzt.

2.1
Regularitätsbedingungen

Für Aussagen über notwendige und hinreichende Optimalitätsbedingungen ist es sinnvoll, von der betrachteten Optimierungsaufgabe gewisse Regularitätseigenschaften zu fordern. Derartige Bedingungen sind

2.1.1
Slater-Bedingung

Die Aufgabe (1.1) erfüllt die Slater-Bedingung, falls die Funktionen $g_i(x)$ $(i = 1, \dots, m)$ konvex sind und $G^0 \neq \emptyset$.

2.1.2
Abadie-Bedingung

Die Aufgabe (1.1) erfüllt die Abadie-Bedingung im Punkt $x \in G$, falls gilt:

$$Y(x) := \left\{ s \in R^n : \nabla g_i(x)^{\mathrm{T}} s < 0, \;\; i \in I(x) \right\} \neq \emptyset \; .$$

Optimierung in C++, 1. Auflage. Claus Richter.

2.1.3
Bedingung der linearen Unabhängigkeit – LICQ

Die Aufgabe (1.1) erfüllt im Punkt $x \in G$ die Bedingung der linearen Unabhängigkeit, wenn die Matrix der Gradientenvektoren der im Punkt x aktiven Restriktionen

$$[\nabla g_i(x)]_{i \in I(x)}$$

Maximalrang besitzt.

2.1.4
Constraint Qualification

Im Punkt $x \in G$ ist die Constraint Qualification erfüllt, wenn

$$\overline{Z}(x) = Y(x)$$

gilt. Hierbei ist $\overline{Z}(x)$ die Abschließung der Menge $Z(x)$, die im Punkt $x \in G$ zulässige Richtung ist:

$$Z(x) = \{s \in R^n : \exists \overline{\alpha} > 0 : x + \alpha s \in G \quad \text{für} \quad 0 \leq \alpha \leq \overline{\alpha}\} \ .$$

2.1.5
Bemerkungen

1. Im konvexen Fall gilt die Abadie-Bedingung in $x \in G \setminus G^{\circ}$ genau dann, wenn in G die Slater-Bedingung erfüllt ist.
2. Ist in $x \in G \setminus G^{\circ}$ die Abadie-Bedingung erfüllt, so gilt dort auch die Constraint Qualification.
3. Aus der Bedingung der linearen Unabhängigkeit ergibt sich die Abadie-Bedingung (jeweils bezogen auf einen Punkt $x \in G$).

2.2
Optimalitätsbedingungen

Die Aufgabenstellung der nichtlinearen Optimierung besteht darin, eine globale Minimumstelle (Optimalpunkt) $x^{\star}$ der Aufgabe (1.1) zu bestimmen. Der Punkt $x^{\star}$ ist dadurch charakterisiert, dass

$$x^{\star} \in G \tag{2.1}$$

und

$$f(x^{\star}) \leq f(x) \quad \forall x \in G \tag{2.2}$$

gilt.

Oft (z. B. bei einer Reihe nichtkonvexer Optimierungsaufgaben) muss man sich mit der Bestimmung einer lokalen Minimumstelle (Optimalpunkt) $x^\star$ der Aufgabe (1.1) zufriedengeben. Für einen solchen Punkt gilt:

$$\exists \rho > 0 : f(x^\star) \leq f(x) \quad \forall x \in G \cap \{x : \|x - x^\star\| \leq \rho\} . \tag{2.3}$$

Die Beziehungen (2.2) und (2.3) sind im Allgemeinen keine überprüfbaren Kriterien für das Vorliegen einer Minimumstelle. Es sollen deshalb handhabbare Optimalitätskriterien angegeben werden. Sie haben ohne zusätzliche Voraussetzung den Charakter von notwendigen Optimalitätsbedingungen.

2.2.1
Optimalitätskriterium mittels zulässiger Richtungen

$x^\star \in G$ Optimalpunkt der Aufgabe (1.1) $\Rightarrow$

$$\nabla f(x^\star)^{\mathrm{T}}(x - x^\star) \geq 0 \quad \forall x \in G .$$

Sind die Funktionen f und $g_i (i \in I)$ konvex, so ist die Bedingung 2.2.1 auch hinreichend.

2.2.2
Karush-Kuhn-Tucker-Bedingung

Unter der Voraussetzung der LICQ im Punkt x^* gilt: $x^\star \in R^n$ Optimalpunkt der Aufgabe (1.1) $\Rightarrow \exists! u^\star = (u_1^\star, \ldots, u_m^\star)^{\mathrm{T}}$, sodass $z^\star = (x^\star, u^\star)$ das folgende restringierte nichtlineare Gleichungssystem löst:

$$\begin{aligned} P(z^\star) &= 0 , \\ u_i^\star &\geq 0 , \quad (i \in I) \\ g_i(x^\star) &\leq 0 , \quad (i \in I) . \end{aligned} \tag{2.4}$$

Dabei bezeichnet $P(z)$ den Vektor

$$P(z) = P(x, u) = \begin{bmatrix} \nabla_1 L(x, u) \\ u_1 g_1(x) \\ \vdots \\ u_m g_m(x) \end{bmatrix} .$$

2.2.3
Bezeichnungen

1. Karush-Kuhn-Tucker-Punkt: Der Punkt $z^\star = (x^\star, u^\star)$ heißt Karush-Kuhn-Tucker-Punkt (KKTP) der Aufgabe (1.1).

2. Für einen Karush-Kuhn-Tucker-Punkt $z^\star = (x^\star, u^\star)$ führen wir die Indexmengen

$$I^+ = \{i : u_i^\star > 0,\ g_i(x^\star) = 0\} = I^+(x^*, u^*)$$
$$I^0 = \{i : u_i^\star = 0,\ g_i(x^\star) = 0\} = I^0(x^*, u^*)$$
$$I^- = \{i : u_i^\star = 0,\ g_i(x^\star) < 0\} = I^-(x^*, u^*)$$

und die zugehörigen Matrizen der Gradientenvektoren

$$G_+ = [\nabla g_i]_{i\in I^+}$$
$$G_- = [\nabla g_i]_{i\in I^-}$$
$$G_0 = [\nabla g_i]_{i\in I^0}$$

ein. Hierbei ist die Eindeutigkeit von u^* nicht erforderlich.

3. Strenge Komplementaritätsbedingung:
Im KKTP $z^\star = (x^\star, u^\star)$ ist die strenge Komplementaritätsbedingung erfüllt, falls

$$I^0 = \emptyset$$

gilt.

Die Karush-Kuhn-Tucker-Bedingungen sind notwendige Optimalitätsbedingungen 1. Ordnung. Zur genaueren Charakterisierung der Verhältnisse im Lokalen dienen Bedingungen 2. Ordnung.

2.2.4 Notwendige Bedingungen 2. Ordnung

Sind die Funktionen f und $g_i (i \in I)$ zweimal stetig differenzierbar und trifft die Constraint Qualification für $x^\star$ zu, so gilt:
$x^\star \in G$ – lokales Minimum der Aufgabe (1.1) $\Rightarrow \exists u^\star \in R^m$:

(i) Für $z^\star = (x^\star, u^\star)$ ist (2.4) erfüllt.
(ii) Für alle Vektoren y mit $G_+ y = 0$ und $G_0 y = 0$ gilt

$$y^\mathrm{T} \nabla_{11} L(x^\star, u^\star) y \geq 0\ .$$

2.2.5 Hinreichende Bedingungen 2. Ordnung

Die Funktionen f und $g_i (i \in I)$ seien zweimal stetig differenzierbar. Zu einem Vektor $x^\star \in R^n$ existiere ein Vektor $u^\star \in R^m$, sodass für $z^\star = (x^\star, u^\star)$ gilt:

(i) Für $z^\star = (x^\star, u^\star)$ ist (2.4) erfüllt.
(ii) Für alle Vektoren $y \neq 0$ mit $G_+ y = 0$ und $G_0 y = 0$ ist

$$y^\mathrm{T} \nabla_{11} L(x^\star, u^\star) y > 0 \tag{2.5}$$

erfüllt.

Dann ist $x^\star$ lokale Minimumstelle der Aufgabe (1.1).

2.2.6
Strenge hinreichende Bedingungen 2. Ordnung

Die Funktionen f und $g_i (i \in I)$ seien zweimal stetig differenzierbar. Zu einem Vektor $x^\star \in R^n$ existiere ein Vektor $u^\star \in R^m$, sodass für $z^\star = (x^\star, u^\star)$ gilt:

(i) Für $z^\star = (x^\star, u^\star)$ ist (2.4) erfüllt.
(ii) Für alle Vektoren $y \neq 0$ mit $G_+ y = 0$ und $G_0 y \leq 0$ ist

$$y^{\mathrm{T}} \nabla_{11} L(x^\star, u^\star) y > 0 . \tag{2.6}$$

Dann ist $x^\star$ isolierte lokale Minimumstelle der Aufgabe (1.1).

Falls strenge Komplementarität vorliegt, ist dies mit den hinreichenden Bedingungen 2. Ordnung gleichbedeutend.

2.3
Optimalitätskriterien für spezielle Optimierungsaufgaben

1. Unbeschränkte Minimierungsaufgabe:

$$f(x) = \min! \quad \text{bei} \quad x \subset R^n \tag{2.7}$$

Die Optimalitätsbedingungen 2.2.6 sind äquivalent zu

$$\begin{aligned} &\nabla f(x) = 0 , \\ &\nabla^2 f(x) \quad \text{positiv definit} . \end{aligned} \tag{2.8}$$

2. Lineare Optimierung:

$$c^{\mathrm{T}} x = \min! A \quad x \leq b \quad x \geq 0 \tag{2.9}$$

Sei $f(x) := c^{\mathrm{T}} x$

$$g_j(x) := a_j^{\mathrm{T}} x - b^j , \quad j = 1, \ldots, r , \quad A = \begin{pmatrix} a_1^{\mathrm{T}} \\ a_r^{\mathrm{T}} \end{pmatrix}$$

$$g_j(x) := e_{j-r}^{\mathrm{T}} x , \quad j = r+1, \ldots, r+n ,$$

wobei e_i den i-ten Einheitsvektor bezeichnet.
Mit $v := (u_{r+1}, \ldots, u_m)^{\mathrm{T}}$, $m := r + n$, lauten die Optimalitätsbedingungen

$$\begin{aligned} &v \geq 0 , \\ &c - \sum_{j=1}^{r} u_j a_j - \sum_{i=1}^{n} v_i e_i = 0 \end{aligned}$$

und

$$u \geq 0 , \quad c - A^{\mathrm{T}} u \geq 0$$

ist erfüllt.

3. Quadratische Optimierung

$$\frac{1}{2}x^{\mathrm{T}}Cx + d^{\mathrm{T}}x = \min! \tag{2.10}$$

$$Ax \leq b$$
$$x \geq 0$$

Sei $f(x) = 1/2x^{\mathrm{T}}Cx + d^{\mathrm{T}}x$

$$g_j(x) = a_j^{\mathrm{T}}x - b_j\,, \quad j = 1, \ldots, r\,, \quad A = \begin{pmatrix} a_1^{\mathrm{T}} \\ a_r^{\mathrm{T}} \end{pmatrix}$$
$$g_j(x) = -e_{j-r}^{\mathrm{T}}x\,, \quad j = r+1, \ldots, r+n\,.$$

Mit $v = (u_{r+1}, \ldots, u_m)^{\mathrm{T}}$, $m = r + n$, ergeben sich die folgenden Optimalitätsbedingungen:

$$u \geq 0\,, \quad v \geq 0$$
$$Cx + d + A^{\mathrm{T}}u - v = 0$$
$$u_j\left(a_j^{\mathrm{T}}x - b_j\right) = 0\,, \quad j = 1, \ldots, r$$
$$v_i x_i = 0\,, \quad i = 1, \ldots, n\,.$$

Für positiv semidefinite Matrix $C = \nabla_{xx}L(x,u)$ ist das Problem konvex und $x^\star$ ist optimal, wenn $u^\star, v^\star, y^\star$ existiert mit

$$x^\star \geq 0\,, \quad y^\star \geq 0\,, \quad u^\star \geq 0\,, \quad v^\star \geq 0\,,$$
$$x^{\star\mathrm{T}}v^\star + y^{\star\mathrm{T}}u^\star = 0\,,$$
$$\begin{pmatrix} 0 : -A \\ A^{\mathrm{T}} : C \end{pmatrix}\begin{pmatrix} u^\star \\ x^\star \end{pmatrix} + \begin{pmatrix} b \\ d \end{pmatrix} = \begin{pmatrix} y^\star \\ v^\star \end{pmatrix}.$$

2.4 Wünschenswerte Eigenschaften von Optimierungsverfahren

Für die numerische Lösung einer nichtlinearen Optimierungsaufgabe, d. h. für

- die Bestimmung eines Optimalpunktes $x^\star$ bzw.
- die Bestimmung eines Karush-Kuhn-Tucker-Punktes $z^\star = (x^\star, u^\star)^{\mathrm{T}}$

besitzen Iterationsverfahren eine besondere Bedeutung. Zur näherungsweisen Bestimmung eines Karush-Kuhn-Tucker-Punktes $z^\star$ – dieser Fall wird exemplarisch im Weiteren betrachtet – wird, ausgehend von ℓ vorzugebenden Startelementen

$$z^{-l+1}, \ldots, z^0$$

durch eine Iterationsvorschrift eine Folge $\{z^k\}$ erzeugt, deren Elemente möglichst gegen $z^\star$ konvergieren. Formal kann dieser Prozess durch

$$z^{k+1} = T_k(z^k, \ldots, z^{k-\ell+1})$$

beschrieben werden.

Um unter der Vielzahl von Iterationsverfahren besonders leistungsfähige zu charakterisieren, ist es sinnvoll, für die numerische Praxis wesentliche Eigenschaften der Methoden anzugeben. Hierbei sind in den vergangenen Jahren zwei Wege beschritten worden:

2.4.1 Theoretische Richtung

Für die praktische Anwendung werden wünschenswerte Eigenschaften von Optimierungsverfahren mit den funktionalanalytischen Hilfsmitteln der Numerischen Mathematik nachgewiesen. Zu diesen Eigenschaften zählen:

1. *Die globale Konvergenz.* Im allgemeinen ist eine Menge hinreichend nahe an einem Kuhn-Tucker-Punkt $z^\star$ gelegener Startpunkte $z^0, \ldots, z^{-\ell+1}$ unbekannt. Deshalb möchte man gewährleistet haben, dass ausgehend von einer beliebig gewählten Menge von Vektoren $z^0, \ldots, z^{-\ell+1}$ das Verfahren durchführbar ist und die Folge der Iterierten $\{z^k\}$ in eine beliebig kleine Umgebung von $z^\star$ gelangt. Diese Eigenschaft wird *globale Konvergenz* des Verfahrens genannt. Da eine Reihe von Verfahren bei Vorliegen hinreichend nahe bei $z^\star$ gelegener Startpunkte äußerst leistungsfähig sind, werden im Weiteren Möglichkeiten der Globalisierung dieser Verfahren betrachtet.
   Lassen sich geeignete Startpunkte mit verfügbaren Informationen berechnen, so wollen wir im Folgenden auch noch von globaler Konvergenz sprechen.
2. *Lokal überlineare Konvergenz.* Für die Qualität eines Optimierungsverfahrens ist die rasche Verbesserung der Güte der Iterierten wesentlich. Die damit zusammenhängende Konvergenzgeschwindigkeit lässt sich in einer Umgebung von $z^\star$ unter geeigneten Voraussetzungen abschätzen. Hierzu wird mithilfe der bei vielen Einschrittverfahren ($\ell = 1$) für die Fehlerfolge $\varepsilon_k := \|z^k - z^\star\|$ auftretenden Beziehungen

   $$\varepsilon_{k+1} \leq \overline{Q}\varepsilon_k^\tau \quad \forall k \geq k_0\,, \qquad \tau \geq 1$$

   und

   $$\underline{Q}\varepsilon_k \leq \varepsilon_{k+1}^\tau \quad \forall k \geq k_0$$

   die Q-Ordnung von Iterationsverfahren erklärt:

   Definition. Eine Nullfolge $\{\varepsilon_k\}$ nichtnegativer Zahlen heißt konvergent von mindestens bzw. höchstens von der Q-Ordnung $\tau \geq 1$, wenn ein Index j und eine Konstante $\overline{Q} > 0$ bzw. $\underline{Q} > 0$ existieren, sodass o. g. Formeln gelten, wobei im Fall $\tau = 1$ zusätzlich $\overline{Q} < 1$ gefordert werden muss.

Konvergenz von mindestens und höchstens der Q-Ordnung τ wird als Konvergenz genau von der Q-Ordnung τ bezeichnet.
Die Konvergenz von mindestens Q-Ordnung 1 bzw. 2 heißt auch mindestens Q-lineare bzw. mindestens Q-quadratische Konvergenz. Iterationsverfahren, die Folgen von Näherungen mit dieser Eigenschaft erzeugen, sind Gegenstand unserer Betrachtungen. Konvergenzeigenschaften einer Folge von Iterierten werden oft zur Charakterisierung des erzeugenden Verfahrens verwendet; so sprechen wir z. B. von überlinearer Konvergenz von Optimierungsverfahren.
Treten Abschätzungen in der Form

$$\varepsilon_{k+1} \leq \overline{Q} \varepsilon_k^{\alpha_0} \varepsilon_{k-1}^{\alpha_1} \dots \varepsilon_{k-\ell+1}^{\alpha_{\ell-1}}$$

auf, so bestimmt man die Konvergenzgeschwindigkeit κ als positive Wurzel der sogenannten charakteristischen Gleichung

$$\kappa^\ell = \alpha_0 \kappa^{\ell-1} + \cdots + \alpha_{\ell-2} \kappa + \kappa_{\ell-1} \ .$$

Betrachtungen über diese Gleichung führen zu folgender Abschwächung der Q-Konvergenzordnung:

Definition. Eine Nullfolge $\{\varepsilon_k\}$ nichtnegativer Zahlen heißt konvergent von der genauen R-Ordnung $\kappa \geq 1$, wenn ein Index k_0 und Konstanten $0 < \underline{R} \leq \overline{R} < 1, 0 < \underline{E}, 0 < \overline{E}$ existieren, sodass

$$\underline{E}[\underline{R}]^k \leq \varepsilon_k < \overline{E}[\overline{R}]^k \qquad \text{im Fall } \kappa = 1$$
$$\underline{E}[\underline{R}]^{\kappa^k} \leq \varepsilon_k \leq \overline{E}[\overline{R}]^{\kappa^k} \qquad \text{im Fall } \kappa > 1$$

für $k \geq k_0$ gilt.

Treffen die Abschätzungen nur einseitig zu, gilt die R-Ordnung mindestens bzw. höchstens.

3. *Weitgehende Ableitungsfreiheit.* Verfahren, welche unter Verwendung von Ableitungen arbeiten, erfordern zusätzlichen Aufwand bei der Programmierung. So kommen bei der ersten Ableitung n skalare Funktionen vor, bei zweiten Ableitungen sogar $n/((n+1)/2)$. Ein Teil der Anwendungen beinhaltet die Ermittlung von Funktionswerten nach dem Durchlaufen einer internen Iterationsvorschrift, sodass das Bereitstellen von Ableitungen auf prinzipielle Schwierigkeiten trifft. Aus diesen Gründen wird es als vorteilhaft angesehen, wenn Optimierungsverfahren auf die numerische Approximation von Gradienten und zweiten Ableitungen zurückgreifen.
4. *Keine Verwendung globaler Informationen.* Quantitative Angaben über das globale Verhalten der Problemfunktionen (Lipschitz-Konstanten u. ä.) sind in der Regel schwer beschaffbar. Aus diesem Grund vermeiden leistungsfähige Verfahren die Verwendung dieser Information in der Iterationsvorschrift. In Aussagen über Eigenschaften der Verfahren kann dagegen von der *Existenz* derartiger Größen ausgegangen werden.

5. *Die Effektivität des Verfahrens.* Diese charakterisiert den notwendigen numerischen Aufwand zur Lösung eines Problems. Als Beispiel lässt sich hier die Betrachtung zur Komplexität von Algorithmen nennen: Ein Problem P besitze n Eingabedaten und werde durch das Verfahren V gelöst. Die dabei notwendige Anzahl von arithmetischen Operationen $K(n)$ wird Komplexität des Verfahrens genannt. Ein besonderes Interesse – vor allem in der linearen Optimierung – galt in den vergangenen Jahren der Frage, ob $K(n)$ als Polynom von n darstellbar ist, oder nicht. Ein Problem heiße polynomial, wenn es mit einem polynomialen Algorithmus gelöst werden kann.
6. *Zulässigkeit der Iterierten.* Bei einer Reihe von praktischen Problemen müssen gewisse bzw. alle Nebenbedingungen in den Iterationspunkten gesichert sein. Will man eine Näherung akzeptieren, so ist dies oft ein entscheidendes Kriterium.

2.4.2 Empirische Richtung

Die Eigenschaften numerischer Verfahren werden anhand ihres Verhaltens gegenüber Testbeispielen und ihrer Implementierung auf Computern beschrieben. Als Kriterien für die Einschätzung lassen sich heranziehen:

1. Die Robustheit des Verfahrens, d. h. die Fähigkeit, eine möglichst große Anzahl vorgelegter Probleme erfolgreich zu lösen.
2. Die Einfachheit der Anwendung, d. h. der vom Nutzer zu erbringende Aufwand zur rechentechnischen Aufbereitung eines zu lösenden Problems.
3. Die maximale Dimension der behandelbaren Probleme.
4. Organisation des implementierten Programms, Programmstruktur und -länge.

Dies ist die Grundlage für eine Bewertung der einzelnen Optimierungsverfahren, wie sie z. B. Lootsma in [6] unter dem Namen „Ranking and Rating" aus den wünschenswerten Eigenschaften (empirische Richtung) herleitet. Exemplarisch sei für eine solche Vorgehensweise Schittkowski [7] genannt, der in seine Betrachtungen 26 Algorithmen einbezieht, die an 185 Beispielen getestet wurden.

1. Das Wilson-Verfahren in der Implementierung von Powell.
2. Die Methode von Murray [8] und Biggs [9] (2 Implementierungen).
3. Verallgemeinerte Reduzierte-Gradienten-Verfahren (4 Implementierungen).
4. Das Verfahren von Robinson [10].
5. Penalty- und Multiplikatorenmethoden (18 Implementierungen).

Fasst man diese Rangfolgen für die Verfahren hinsichtlich einzelner Merkmale in geeigneter Weise zusammen, so kommt man zu „Platzziffern" für Algorithmen, welche für einige der oben genannten Kriterien das folgende Aussehen haben:

Verfahrensklasse	Effektivität	Robustheit	Gewichtete Bewertung
1	17	25	21
2	19–28	41–44	32–38
3	47–55	9–44	23–34
4	25	33	31
5	54–102	32–67	53–80

Die Tendenzen der Softwareentwicklung zu einer „bequemen“ Nutzung leistungsfähiger Programme stehen nicht im Widerspruch zu dem Anliegen, effektive Algorithmen in überschaubaren Implementierungen bereitzustellen, wie dies in dem folgenden Kapitel geschieht.

2.5 Vom C++-Programm zum nutzerfreundlichen Softwaresystem

Die Nutzung eines implementierten Optimierungsverfahrens ist oft Bestandteil des Bearbeitungsprozesses einer naturwissenschaftlich-technischen Aufgabenstellung. Nach der bereits erörterten mathematischen Modellierung umfasst dieser Prozess die folgenden Phasen:

- Auswahl eines geeigneten Verfahrens zur Lösung des Problems,
- Erstellen des zugehörigen Programms,
- Bereitstellung des Problemfiles,
- Starten des Programms,
- Auswertung der Abbruchursache, danach
  - entweder: Modifikation des Modells,
  - oder: Wahl eines anderen Verfahrens,
  - oder: Zusammenstellung der Ergebnisse.

Falls alle diese Schritte vom Nutzer selbständig durchzuführen sind, ist dies naturgemäß mit einem recht hohen Aufwand verbunden. Deshalb wurden in den letzten Jahren verstärkt Bemühungen unternommen, Wissen über Optimierungsverfahren zu formalisieren und damit die Möglichkeit zu schaffen, den Problemlösungsprozess weitgehend vom Rechner selbst organisieren und durchführen zu lassen. Die auf diesem Gebiet seit einigen Jahren sichtbare Entwicklung hat inzwischen zu nutzerfreundlichen menügeführten Software- und Expertsystemen geführt. Letztere sind dadurch charakterisiert, dass sie Erfahrungen von Spezialisten auf einem bestimmten Sachgebiet speichern und sie bei der Behandlung anstehender Probleme mit einbringen. Es ist klar, dass es sich bei einem echten Expertsystem – z. B. EMP für die nichtlineare Optimierung – in der Regel um ein sehr umfangreiches Softwareprodukt handelt. Die Bereitstellung eines vergleichbaren Systems würde den Rahmen dieses Buches weit übersteigen. Um aber dem Leser dennoch eine Vorstellung davon zu vermitteln, wie mit den Möglichkeiten einer modernen Programmierumgebung – hier wurde C++ gewählt – bereits auf einfache Weise softwaretechnische Hilfsmittel entwickelt werden können, die zwar noch nicht mit einem Expertsystem vergleichbar sind, jedoch dem Nutzer bei einigen der oben angeführten Phasen des Problemlösungsprozesses bereits eine recht wirksame Unterstützung bieten, werden in diesem Buch neben Programmen zur Realisierung von Algorithmen der mathematischen Optimierung auch dazugehörige Programme zur Realisierung einer Nutzerunterstützung vorgestellt.

Das Programmsystem „Optisoft"

Die einzelnen Phasen der Problemlösung werden in folgender Weise unterstützt:

- Im Menüprogramm „generate" wird der Aufwand bei der Bereitstellung der problemspezifischen Funktionen und Daten wesentlich verringert. Die erstmalige Eingabe erfolgt formatfrei im Dialog. Dann kann der Nutzer die Problemdaten in einem File „probname.h" im Verzeichnis „C:\optisoft\problems" abspeichern. Damit ist ein Verzeichnis der bisher behandelten Probleme vorhanden. Da es sich um eine normale Header-Datei handelt, kann sie bei einer späteren Sitzung wieder eingelesen werden und es sind auch kleine Modifikationen der Daten problemlos möglich. Hierzu kann z. B. der Editor des komfortablen C++-Trainers verwendet werden, der Bestandteil der TURBO-C++-Programmierumgebung ist, die für die Anwendung der Nutzerunterstützung ohnehin benötigt wird. Expertsysteme enthalten für solche Modifizierungen und Korrekturen meist integrierte Editoren. Die hier vorgestellte Nutzerunterstützung gestattet die Erstellung eines Problemfiles für Aufgaben der
  - linearen Optimierung,
  - quadratischen Optimierung,
  - Minimierung ohne Nebenbedingung,
  - nichtlinearen Optimierung,
  - Parameterschätzung (lineare und nichtlineare Modelle, Differenzialgleichungsmodelle).
- Im Gegensatz zu Expertsystemen beschränkt sich die Unterstützung des Nutzers bei der Auswahl eines geeigneten Verfahrens zur Lösung seines Problems im Programm „select" auf folgendes: Nach Eingabe der Problemklasse gemäß Kapitel 1 auf Abfrage werden ihm die zur Auswahl stehenden Lösungsverfahren angezeigt. Die Kombination von Problem und Methode führt zu einem Beispiel „methode+probname.cpp", welches als C++-Datei im Verzeichnis „C:\optisoft\examples" gespeichert wird. Darin ist der Aufruf der Problemdatei und der Methodendatei sowie das Hauptprogramm implementiert. Dabei kommt die objektorientierte Programmierung zum Tragen. Nach dem Compilieren liegt für jedes Beispiel eine ausführbare Datei vor. Die Ergebnisse der Rechnung werden mithilfe der Ein- und Ausgaberoutine „typio" unter „methode+probname.dat" im Verzeichnis „C:\optisoft\results" gespeichert. Diese Routine dient auch dazu, Verfahrensparameter interaktiv zu ändern.

Wird im Buch vermerkt, dass ein vorgestelltes Verfahren mit einem angegebenen Beispiel als „methode+probname.cpp“ gespeichert wird, dann findet man die zugehörigen Komponenten in den angegebenen Verzeichnissen.

Bei der Auswahl der Methoden wäre weitergehende Unterstützungen möglich. So ist es in der nichtlinearen Optimierung sinnvoll, die Art der Nebenbedingungen genauer zu erfragen, da z. B. für linear restringierte Aufgaben mit nichtlinearer Zielfunktion spezielle Lösungsverfahren entwickelt wurden. Auch die Erläuterungen der einzugebenden Zahlenwerte – insbesondere gewisser verfahrensspezifischer Parameter – können natürlich ausführlicher ausfallen, als dies hier – aus Platzgründen – demonstriert wird. Allerdings ist eine diesbezügliche Erweiterung der vorgestellten Programme ohne größeren Aufwand möglich. Beispielsweise kann bei jeder Eingabe eine „Hilfeanforderung“ gestattet werden, die bewirkt, dass Hilfsinformationen aus einem speziellen File – welches beliebig erweitert werden kann – angezeigt werden. Die genannten Verbesserungsmöglichkeiten werden schrittweise in künftigen Versionen von „Optisoft“ realisiert sein. Zur Problemformulierung wird in der nichtlinearen Optimierung für die Berechnung der Werte von Zielfunktion und Nebenbedingungen eine C++-Funktion benutzt, die es gestattet, den Wert einer beliebigen Funktion von n reellen Argumenten für gegebene Werte der Argumente zu berechnen, wenn die Funktion durch eine Funktionsgleichung beschreibbar ist. Die rechte Seite der Funktionsgleichung wird hierbei als Zeichenkette übergeben, wobei durch die Nutzerunterstützung eine automatische Generierung von Quelltext erfolgt.

3
Mathematische Hilfsmittel

In den nächsten Abschnitten werden numerische Verfahren betrachtet, welche zur Lösung von Teilaufgaben in den folgenden Kapiteln eine Rolle spielen. Dies sind in den Abschnitten 3.1–3.3 *Verfahren der linearen Algebra*, in den Abschnitt 3.4–3.6 *Verfahren der eindimensionalen Minimumsuche* und im Abschnitt 3.7 ist es das *Runge-Kutta-Verfahren zur Lösung von Systemen gewöhnlicher Differenzialgleichungen*. Bei den *Verfahren der linearen Algebra* geht es um die Lösung linearer Gleichungssysteme.

Das im Abschnitt 3.1 betrachtete *Austauschverfahren* bildet darüber hinaus die Grundlage für die numerische Realisierung des Simplexverfahrens. Die im Abschnitt 3.2 dargestellte Lösung von linearen Gleichungssystemen mithilfe der *QR-Zerlegung* bzw. im Abschnitt 3.3 mit der *Cholesky-Zerlegung* ist auch unter dem Aspekt von Interesse, dass die Anzahl der Gleichungen größer als die Anzahl der Variablen ist. Mit $|Ax - b| = \text{min!}$ wird dann eine verallgemeinerte Lösung gesucht. Die Bestimmung von x erfolgt aus der Minimumbedingung ergebenden Normalengleichung $A^{\mathrm{T}}Ax - A^{\mathrm{T}}b = 0$ Beiden Vorgehensweisen ist eigen, dass die zugrundeliegenden Gleichungssysteme auf eine Form gebracht werden, bei der jeweils Gleichungssysteme mit Dreiecksmatrizen zu behandeln sind.

Die Vorschrift von Householder transformiert die Matrix A durch Multiplikation mit einer orthogonalen $m \times m$-Matrix Q in eine Dreiecksmatrix R transformiert wird. Wegen der Eigenschaften von Q ist die Kondition von A gleich derjenigen von Q. Diese unter dem Namen QR-Zerlegung im Folgenden beschriebene Vorschrift hat eine weite Verbreitung in Programmsammlungen der linearen Algebra gefunden.

Geschieht die Lösung mit dem Cholesky-Verfahren, so wird die Matrix $A^{\mathrm{T}}A$ in das Produkt einer Dreiecksmatrix mit ihrer Transponierten zerlegt. Dem Vorteil der wesentlich kleineren Dimension von $A^{\mathrm{T}}A$ gegenüber der von A steht der Nachteil gegenüber, dass sich eine eventuell vorliegend schlechte Kondition der Matrix A im Quadrat auf die Matrix $A^{\mathrm{T}}A$ überträgt   ein Nachteil für die Stabi lität des Cholesky-Verfahrens.

Das im Abschnitt 3.4 betrachtete *Fibonacci-Verfahren* und das im Abschnitt 3.5 vorgestellte *Verfahren des Goldenen Schnitts* sind Beispiele für die eindimensionale Minimumsuche entlang einer Achse oder entlang einer Richtung, d. h. eines Strahls im R^n. Sie hat disziplinär eine eigenständige Bedeutung, beinhaltet aber

Optimierung in C++, 1. Auflage. Claus Richter.

auch mit dem Abstieg der Zielfunktion einen Grundbausteine für viele Verfahren der nichtlinearen Optimierung. So benötigen Verfahren der mehrdimensionalen Optimierung nach Auswahl der günstigsten Suchrichtung in jedem Iterationsschritt ein Vorgehen zur Reduktion der Zielfunktion entlang dieser Richtung. In diesen wird ein vorgegebenes Intervall systematisch verkleinert, um das Minimum einzuschließen. Hierbei werden nur die Zielfunktionswerte verwendet und es wird davon ausgegangen, dass die betrachtete Funktion unimodal ist. Diese Eigenschaft von f ist dadurch erklärt, dass f auf jeder Teilmenge von $[a, b]$ genau ein lokales Minimum besitzt. Die Funktion $f(x)$ ist unimodal im Intervall $[a, b]$, wenn ein $x^* \in [a, b]$ existiert, sodass für beliebige $x_1, x_2 \in [a, b]$ mit $x_1 < x_2$ gilt:

- wenn $x_2 < x^*$ gilt, dann ist $f(x_1) \geq f(x_2)$;
- wenn $x_1 < x^*$ dann ist $f(x_1) \leq f(x_2)$.

Wenn f im Intervall $[a, b]$ unimodal ist, dann kann dieses Suchintervall durch den Vergleich der Zielfunktionswerte zweier innerer Punkte verkleinert werden. Das im Abschnitt 3.6 beschriebene eindimensionale *Newton-Verfahren* gehört auch zu den eindimensionalen Suchverfahren, hat aber eine eigenständige Bedeutung. Es löst Minimumaufgaben, ist aber nicht Schrittweitenalgorithmus. Am Beispiel des eindimensionalen Newton-Verfahrens wird die Implementierung von Optimierungsverfahren mithilfe der objektorientierten Programmierung erläutert. In den Algorithmen und Programmen der Kapitel 7 und 8 werden eindimensionale Verfahren verwendet, die Kombinationen oder Modifikationen der vorgestellten sind. Der Abschnitt 3.7 stellt mit dem *Runge-Kutta-Verfahren* ein numerisches Verfahren zur numerischen Lösung von Differenzialgleichungssystemen vor. Damit wird eines der wichtigsten Gebiete berührt, welches in Zusammenhang mit der Anwendung der Optimierung zur Lösung praktischer Probleme auftritt. Dabei können jedoch sowohl die theoretischen Hilfsmittel als auch die Lösungsansätze nur exemplarisch erörtert werden, da eine geschlossene Darstellung numerischer Verfahren zur Lösung von Differenzialgleichungen den Rahmen dieses Buches und die Beschreibung mathematischer Hilfsmittel bei Weitem übersteigen würde.

3.1 Das Austauschverfahren

Das Austauschverfahren wurde ursprünglich für die Lösung linearer Gleichungssysteme mit m Gleichungen und n Unbekannten

$$\begin{aligned} a_{11}x_1 + a_{12}x_2 + \ldots + a_{1n}x_n + b_1 &= 0 \\ &\vdots \\ a_{m1}x_1 + a_{m2}x_2 + \ldots + a_{mn}x_n + b_m &= 0 \end{aligned} \tag{3.1}$$

entwickelt. Die dabei gewählte Vorgehensweise soll zunächst geschildert werden. Betrachtet man die linken Seite des Gleichungssystems als lineare Funktion

$$\begin{aligned} y_1 &= a_{11}x_1 + \ldots + a_{1n}x_n + b_1 \\ &\vdots \\ y_m &= a_{m1}x_1 + \ldots . + a_{mn}x_n + b_m \end{aligned} \tag{3.2}$$

so geht es darum, solche Werte für die unabhängigen Veränderlichen $x_1, \ldots, x_m$ zu bestimmen, dass die abhängigen Veränderlichen $y_1, \ldots, y_m$ gleichzeitig verschwinden. Zur einfacheren Darstellung des Austauschverfahrens zur Lösung des Gleichungssystems (3.1) dient die folgende Tableauschreibweise:

	x_1	…	x_t	…	x_n	1
y_1	a_{11}	…	a_{1t}	…	a_{1n}	b_1
…	…	…	…	…	…	…
y_s	a_{s1}	…	a_{st}	…	a_{sn}	b_s
…	…	…	…	…	…	…
y_m	a_{m1}	…	a_{mt}	…	a_{mn}	b_m

Die Variablen der Kopfspalte werden *Basisvariable* genannt, diejenigen der Kopfzeile *Nichtbasisvariable*. Das Ziel eines Schrittes des Austauschverfahrens besteht darin, die Gleichungen schrittweise umzuformen: Eine Nichtbasisvariable x_t wird gegen eine Basisvariable y_s ausgetauscht, y_s wird unabhängige Variable, x_t abhängige. Hat man die y_i in die Menge der Nichtbasisvariablen getauscht, so kann man die Nichtbasisvariablen Null setzen und man erhält u. U. eine Lösung des Gleichungssystems.

Betrachten wir hierzu die s-te Zeile:

$$y_s = a_{s1}x_1 + \ldots + a_{st}x_t + \ldots + a_{sn}x_n + b_s \ .$$

Zur Auflösung nach x_t setzen wir voraus, dass das sogenannte *Pivot-Element* $a_{st} \neq 0$ ist. Dieses Element (aus dem Französischen: Dreh-/Angelpunkt) ist dasjenige der Matrix, welches als Erstes ausgewählt wird, die Gestalt des Gleichungssystems im aktuellen Schritt zu ändern. Es ergibt sich

$$x_t = -\frac{a_{s1}}{a_{st}}x_1 - \ldots + \frac{1}{a_{st}}y_s - \frac{a_{sn}}{a_{st}}x_n - \frac{b_s}{a_{st}} \ .$$

Mit $g_k = -a_{sk}/a_{st}$, $k \neq t$ und $g = -b_s/a_{st}$ und $p = a_{st}$ dies gleichbedeutend mit

$$x_t = g_1x_1 + \ldots + \frac{1}{p}y_s + \ldots + g_nx_n + g \ .$$

Setzt man dies in eine bestimmte Zeile, z. B. die i-te ($i \neq s$) ein, so ergeben sich aus

$$y_i = g_{i1}x_1 + \ldots + g_{it}x_t + \ldots + g_{in}x_n + r_i$$

die neuen Koeffizienten:

	x_1	...	y_s	...	x_n	1
y_1	g_{11}	...	g_{1t}	...	g_{1n}	r_1
...	...	...	...	...	...	...
x_t	g_{s1}	...	g_{st}	...	g_{sn}	r_s
...	...	...	...	...	...	...
y_m	g_{m1}	...	g_{mt}	...	g_{mn}	r_m

Führt man die Rechnung im angegebenen Schema durch, so unterscheidet man 4 Mengen von Koeffizienten:

1. Das Element a_{st} Pivotelement.
2. Die in der s-ten Zeile versammelten Elemente a_{sk} $(k = 1, \dots, n; k \neq t)$ bilden die Pivotzeile.
3. Die t-te Spalte heißt Pivotspalte.
4. Daneben verbleiben die außerhalb von Pivotzeile und Pivotspalte liegenden Koeffizienten.

K bezeichnet die Kellerzeile, welche mit der Pivotzeile übereinstimmt. Für die 4 Gruppen gibt es unterschiedliche Vorschriften zur Bestimmung der Koeffizienten des neuen Schemas. Mit der Bezeichnung g_{ij} für die Elemente des darauffolgenden Tableaus und r_i für die Elemente der Eins-Spalte lassen sich die verbal angegebenen Rechenregeln auch formelmäßig darstellen:

1. Neues Pivotelement $= \frac{1}{\text{altes Pivotelement}}$: $g_{st} = \frac{1}{p}$.
2. Neue Pivotzeile $= -\frac{\text{alte Pivotzeile}}{\text{altes Pivotelement}}$: $g_{sj} = -\frac{a_{sj}}{p}$, $r_s = -\frac{b_s}{p}$.
3. Neue Pivotspalte $= \frac{\text{alte Pivotspalte}}{\text{altes Pivotelement}}$: $g_{it} = \frac{a_{it}}{p}$.
4. Alle übrigen Elemente: Neues Element = altes Element + nebenstehendes Element Pivotspalte $*$ darunterstehendes Element der Kellerzeile:

$$g_{ij} = a_{ij} + g_{sj} * a_{it} \; .$$

Bei der praktischen Rechnung per Hand ist es sinnvoll, die neu berechneten Elemente der alten Pivotzeile im alten Schema als Kellerzeile zu notieren. Nach einer Reihe von Austauschschritten tritt einer der folgenden Fälle ein:

Fall I: Alle y_i lassen sich gegen gewisse x_k austauschen.

Fall II: Es gibt mindestens ein y_s welches sich nicht gegen ein x_k austauschen lässt.

Fall IIa: Die s-te Zeile lautet

$$y_s = l_1 y_1 + \ldots + l_n y_n + l \quad \text{mit} \quad l = 0 \; .$$

Fall IIb: Die s-te Zeile lautet

$$y_s = l_1 y_1 + \ldots + l_n y_n + l \quad \text{mit} \quad l \neq 0 \; .$$

Man bemerkt, dass die in den Nichtbasisvariablen verbliebenen zu x_k gehörenden Koeffizienten Null sein müssen, sonst wäre ein Austausch möglich. Über den Zusammenhang zwischen der Gestalt des Endtableaus und der Lösbarkeit des Gleichungssystems geben folgende Sätze Auskunft:

Satz 1. *Das System (3.1) ist für die Fälle I und IIa lösbar, für Fall IIb ist das System unlösbar.*

Satz 2. *Für $m = n$ so ist der Fall I gleichbedeutend mit der eindeutigen Lösbarkeit des Gleichungssystems (3.1), für Fall IIa existieren unendlich viele Lösungen; der Fall IIb ist unmöglich.*

Das Austauschverfahren soll an einem Beispiel demonstriert werden.

Beispiel 3.1 Gesucht ist die Lösung des Gleichungssystems

$$\begin{aligned} 3x_1 + 5x_2 + x_3 + 4 &= 0 \\ 2x_1 + 4x_2 + 5x_3 - 9 &= 0 \\ x_1 + 2x_2 + 2x_3 - 3 &= 0\,. \end{aligned} \tag{3.3}$$

Die zugehörigen linearen Funktionen lauten

$$\begin{aligned} y_1 &= 3x_1 + 5x_2 + x_3 + 4 \\ y_2 &= 2x_1 + 4x_2 + 5x_3 - 9 \\ y_3 &= x_1 + 2x_2 + 2x_3 - 3 \end{aligned} \tag{3.4}$$

oder in Tableauform

S_1	x_1	x_2	x_3	1
y_1	3	5	1	4
y_2	2	4	5	−9
y_3	1	2	2	−3
K	−1/2	*	−1	3/2

Der Austausch $x_2 \leftrightarrow y_3$ liefert

S_2	x_1	y_3	x_3	1
y_1	1/2	5/2	−4	23/2
y_2	0	2	1	−3
x_2	−1/2	1/2	−1	3/2
K	*	−5	8	−23

Weiterer Austausch $x_1 \leftrightarrow y_1$ ergibt

S_3	y_1	y_3	x_3	1
x_1	2	−5	8	−23
y_2	0	2	1	−3
x_2	−1	−2	−5	13
K	0	−2	*	3

Schließlich erhält man

S_4	y_1	y_3	y_2	1
x_1	2	−21	8	1
x_3	0	−2	1	3
x_2	−1	8	−5	−2

Kehrt man aus der Tableauschreibweise in eine explizite Darstellung zurück, so ergibt sich nach geeigneter Umsortierung der Zeilen und Spalten

$$\begin{aligned} x_1 &= 2y_1 + 8y_2 - 21y_3 + 1 \\ x_3 &= 0y_1 + 1y_2 - 2y_3 + 3 \\ x_2 &= -y_1 - 3y_2 + 8y_3 - 2\,. \end{aligned} \tag{3.5}$$

Das System (3.5) ist äquivalent zu (3.4), allerdings nach Variablen x_1, x_2, x_3 aufgelöst. Setzt man die Variablen $y_1, y_2, y_3 = 0$, so erhalten wir eine Lösung des Gleichungssystems (3.3)

$$x_1 = 1\,, \quad x_2 = -2\,, \quad x_3 = 3\,.$$

Schreibt man (3.2) in Matrixform $y = Ax + b$, so beinhaltet das Austauschverfahren im Fall $n = m$ die Bestimmung der Inversen zu A: $x = A^{-1}y - A{-}1b$. Dieser Sachverhalt wird im Relaxationsverfahren der quadratischen Optimierung ausgenutzt.

3.2 Lösung von Gleichungssystemen mit der *QR*-Zerlegung

Eine Verallgemeinerung der Aufgabe, das Gleichungssystem (3.1) zu lösen, stellt das folgende Problem dar: Gegeben ist eine (m, n)-Matrix A mit $m \geq n$ und ein Vektor $b \in R^m$. Gesucht ist ein Vektor $x \in R^n$, für welchen gilt

$$\|Ax^* - b\| = \min \|Ax - b\|\,. \tag{3.6}$$

Die QR-Zerlegung basiert auf der Möglichkeit, jede (m, n)-Matrix mit $m > n$ und maximalem Rang mithilfe einer Orthogonalmatrix Q in eine Matrix R zu transformieren, welche eine obere $n \times n$-Dreiecksmatrix R enthält. Im Falle $m = n$ fällt

R mit R zusammen; ist $m > n$, enthalten die letzten $m - n$ Zeilen von R Nullelemente. Der beschriebene Sachverhalt lässt sich mit dem Schmidt'schen Orthogonalisierungsverfahren konstruktiv beweisen; zur praktischen Rechnung erweist es sich jedoch als zweckmäßig, die Matrix R mithilfe einer Householder-Transformation zu ermitteln. Die Matrix $A^0 = A$ wird dabei mit einer Matrix P^0 so multipliziert, dass man eine Matrix

$$A^1 = P^0 A^0$$

erhält, deren erster Spaltenvektor gerade ein Vielfaches des m-dimensionalen Einheitsvektors $e_1 = (1, 0, \dots, 0) \in R^m$ darstellt. Anschließend wird A^l mit einer Matrix P^1 so multipliziert, dass die erste Spalte unverändert bleibt, die Elemente der zweiten Spalte unterhalb der Diagonalen aber zu Null werden. Die Fortsetzung dieser Vorgehensweise liefert

$$R = P^{n-1} \dots P^1 P^0 A \quad \text{und} \quad Q = P^{n-1} \dots P^1 P^0 \ . \tag{3.7}$$

Aus den geforderten Eigenschaften für die Folge der Matrizen $\{A^k\}$, $k = 1, \dots, n$, ergibt sich die Gestalt der Matrix P^k:

$$P^k = I - 2u^k (u^k)^{\mathrm{T}} \tag{3.8}$$

mit $u^k = (0, \dots, 0, u_k^k, \dots, u_m^k)^{\mathrm{T}}$. Dabei ist

$$\begin{aligned}
u_i^k &= \frac{\left(\left|a_{kk}^{k-1}\right| + s_k\right) \operatorname{sgn}\left(a_{kk}^{k-1}\right)}{\sqrt{\beta_k}} \quad \text{für} \quad i = k \ , \\
u_i^k &= \frac{a_{ik}}{\sqrt{\beta_k}} \quad \text{für} \quad i > k \ , \\
s_k &= \left(\sum_{i=k}^{m} \left(a_{ik}^{k-1^2} \right) \right)^{\frac{1}{2}} \ , \\
\beta_k &= 2 s_k \left(s_k + |a_{kk}^{k-1}| \right) \ .
\end{aligned} \tag{3.9}$$

Im Ergebnis der Transformation ändert sich die zu (3.6) äquivalente zu minimierende Zielfunktion $\|Ax - b\|^2 = \min!$ wie folgt:

$$\|Ax - b\|^2 = \|QAx - Qb\|^2 = \|Rx - c\|^2 = \|\tilde{R}x - \tilde{c}\|^2 + \|\hat{c}\|^2 \ . \tag{3.10}$$

Hierbei wurde die Norminvarianz bei Multiplikation mit einer orthogonalen Matrix ausgenutzt und $R = (\tilde{R}, 0)^{\mathrm{T}}$ sowie $Qb = c = (\tilde{c}, \hat{c})$ gesetzt. Der zweite Teil der rechten Seite von (3.10) ist von x unabhängig und entfällt im Falle $m = n$. Der erste Term ist wegen der Normeigenschaft nichtnegativ und für die Lösung x^* des Gleichungssystems $Rx - c = 0$ minimal. Damit ist x^* Lösung der Aufgabe (3.6). Der Wert $\|\hat{c}\|$ liefert gerade eine Aussage über den Defekt des für $m > n$ überbestimmten Gleichungssystems.

3.2.1 Aufbau des Algorithmus

S0: Eingabe der Dimensionen m und n $(m > n)$ der Matrix A, der rechten Seite b sowie einer Abbruchgenauigkeit $\epsilon > 0$. Setze $A^0 = A, b^0 = b$ und $k = l$.

S1: Berechne

$$s_k = \left(\sum_{i=k}^{m} \left(a_{ik}^{k-1}\right)^2 \right)^{\frac{1}{2}} \quad \text{und} \quad \beta_k = 2s_k \left(s_k + \left| a_{ik}^{k-1} \right| \right) . \tag{3.11}$$

S2: Falls $\|\beta_k\| \leq \epsilon$. Stopp. Rang von $A \leq n$.

S3: Bestimme $P^k = I_m - 2u^k(u^k)^{\mathrm{T}}$ mit

$$u^k = \left(0 \ldots, 0, u_k^k, \ldots, u_m^k\right) \tag{3.12}$$

und

$$u_i^k = \frac{\left(\left|a_{kk}^{k-1}\right| + s_k\right) \operatorname{sgn}\left(a_{kk}^{k-1}\right)}{\sqrt{\beta_k}} \text{für} \quad i = k ,$$

$$u_i^k = \frac{a_{ik}}{\sqrt{\beta_k}} \quad \text{für} \quad i > k . \tag{3.13}$$

S4: Setze $A^k = P^k A^{k-l}$, $b^k = P^k b^{k-l}$.

S5: Falls $k < n$, setze $k = k + 1$ und gehe zu S1.

S6: Ermittle die Lösung von (3.1) durch Behandlung des Gleichungssystems mit Dreiecksmatrix

$$a_i^n x = b_i^n , \quad i = 1, \ldots, n . \tag{3.14}$$

Berechne im Fall $m > n$ den Defekt. Stopp.

$$d = \left(\sum_{i=n+1}^{m} \left(b_i^n\right)^2 \right)^{\frac{1}{2}} \tag{3.15}$$

Die C++-Headerdatei „qr.h“ realisiert diesen Algorithmus.

Beispiel 3.2

$$6x_1 + 2x_2 + x_3 = 9 ,$$
$$2x_1 + 4x_2 + x_3 = 7 ,$$
$$x_1 + x_2 + 6x_3 = 8 .$$

Mit der *QR*-Zerlegung wurde das Resultat

$$x_1 = 1 , \quad x_2 = 1 , \quad x_3 = 1$$

erhalten.

Das Beispiel wurde unter „b3230qr.cpp“ implementiert und im Verzeichnis „C:\optisoft\examples“ gespeichert.

Beispiel 3.3 Gegeben ist eine Messreihe

i	1	2	3	4
t_i	−1	0	1	2
y_i	1	2	4	7

Gesucht ist die Parabel

$$y = x_3 t^2 + x_2 t + x_1 \ ,$$

welche die Menge von Punkten (t_i, y_i), $i = 1, \ldots, 4$, im Sinne der kleinsten Quadrate am besten annähert. Setzt man die Messwerte und Messpunkte in die Parabelgleichung ein, ergibt sich das überbestimmte lineare Gleichungssystem

$$\begin{aligned} 1 &= x_1 - x_2 + x_3 \ , \\ 2 &= x_1 \ , \\ 4 &= x_1 + x_2 + x_3 \ , \\ 7 &= x_1 + 2x_2 + 4x_3 \ . \end{aligned}$$

Mit der QR-Zerlegung wurde das Resultat

$$x_1 = 2 \ , \quad x_2 = 1.5 \ , \quad x_3 = 0.5$$

erhalten. Die Ausgleichsparabel hat die Gestalt

$$y = 2 + 1.5t + 0.5t^2 \ . \tag{3.16}$$

Das Parameteridentifikationsproblem wurde unter „b3240.h“ implementiert. Hierbei sind nur die Messpunkte und die Messwerte einzutragen. Das Gleichungssystem wird durch die beigefügte Funktion „transform()“ generiert. Das Beispiel wurde unter „C:\optisoft\examples\b3240qr.cpp“ gespeichert.

3.3 Cholesky-Zerlegung

3.3.1 Grundlagen des Verfahrens

Das Cholesky-Verfahren dient u. a. zur Lösung des Gleichungssystems (3.1) mit positiv definiter symmetrischer Matrix A. Es beruht darauf, dass jede derartige Matrix in eindeutiger Weise in das Produkt einer linken unteren Dreiecksmatrix L und ihrer Transponierten L^{T} aufgespalten werden kann:

$$A = L * L^{\mathrm{T}} \ .$$

Die zur Herleitung notwendigen Überlegungen gehen von der möglichen Zerlegung jeder regulären Matrix A in eine untere Dreiecksmatrix $\hat{L}$ und eine obere Dreiecksmatrix U aus:

$$A = \hat{L}U \ .$$

Klammert man die Diagonalelemente u_{jj} $(j = 1, \dots, n)$ aus den Zeilen der oberen Dreiecksmatrix aus, so ergibt sich

$$U = D\hat{U} \ ;$$

und wir erhalten

$$A = \hat{L}D\hat{U} \ .$$

Transponieren der Gleichung und Symmetrie von A liefert

$$A = \hat{L}^{\mathrm{T}}D\hat{L} \ .$$

Die Diagonalelemente von D kann man wegen $d_{jj} \geq 0$ $(j = 1, \dots, n)$ symmetrisch auf die beiden Dreiecksmatrizen L^{T} und L verteilen und mit

$$D^{1/2} = \operatorname{diag}\left(d_{ii}^{1/2}\right)$$

schreiben:

$$A = \hat{L}^{\mathrm{T}}D^{1/2}D^{1/2}\hat{L} \tag{3.17}$$

woraus sich mit $L = D^{1/2}\hat{L}$

$$A = L^{\mathrm{T}}L \tag{3.18}$$

ergibt.

Das Gleichungssystem (3.1) wird dann dadurch gelöst, dass zunächst y aus $L^{\mathrm{T}}y = b$ bestimmt wird (Vorwärtselimination) und man anschließend x aus dem System $Lx = y$ berechnet (Rückwärtsrechnung). Für Implementierungen ist es besser, von (3.17) statt von (3.18) auszugehen.

3.3.2 Aufbau des Algorithmus

S0: Eingabe des Gleichungssystems (3.1).

S1: Berechne für $i = 1, \dots, n$

$$\begin{aligned} d_i &= a_{ii} - \sum_{m=l}^{i-1} l_{im}^2 d_m \ , \\ l_{ji} &= \frac{a_{ji} - \sum_{m=1}^{i-1} l_{jm} l_{im} d_m}{d_i} \ . \end{aligned} \tag{3.19}$$

S2: Bestimme $\hat{L} = LD^{\frac{1}{2}}$.
S3: Ermittle y durch die Vorwärtselimination.
S4: Berechne x durch die Rückwärtselimination.

Die C++-Headerdatei „cholesky.h" realisiert diesen Algorithmus.

Beispiel 3.4 Mit dem Cholesky-Verfahren wurde das lineare Gleichungssystem

$$\begin{aligned} 6x_1 + 2x_2 + x_3 &= 9 \\ 2x_1 + 4x_2 + x_3 &= 7 \\ x_1 + x_2 + 6x_3 &= 8 \end{aligned}$$

gelöst. Der Punkt $x^* = (1, 1, 1)^T$, welcher offensichtlich alle 3 Gleichungen erfüllt, wurde exakt ermittelt. Das Beispiel wurde unter „C:\optisoft\examples\b3230cholesky.cpp" gespeichert.

3.3.3 Weiterführende Bemerkungen

Das Cholesky-Verfahren arbeitet für positiv definite Matrizen A. Schon einfache Beispiele zeigen, dass diese Bedingung wesentlich für das Funktionieren des Programms ist. In der angegebenen Implementierung wurde die Eingabe der gesamten Matrix vorgesehen. Es ist jedoch durch leichte Abänderung des Programms möglich, den Eingabeaufwand durch Beschränkung auf eine obere Dreiecksmatrix zu reduzieren. Das Gleichungssystem ist dann wegen der Symmetrie seiner Koeffizientenmatrix eindeutig dargestellt. Für derartige Systeme ist das Cholesky-Verfahren mit einem Aufwand von $n^3/6$ Operationen dem Algorithmus von Gauß und seinen Modifikationen (Gauß-Jordan, Gauß-Banachiewicz) leicht überlegen.

3.4 Fibonacci-Verfahren

3.4.1 Grundlagen des Verfahrens

Bei der Darstellung des Verfahrens gehen wir davon aus, dass das Minimum der unimodalen Funktion $f(x)$ im Intervall $[a, b]$ zu bestimmen ist, d. h.:

$$f(x) = \min! \quad \text{mit} \quad a \leq x \leq b\,. \tag{3.20}$$

Für die Entwicklung eines effektiven Lösungsverfahrens nehmen wir an, dass $x_1 = a$, $x_3 = b$ und x_2 ein Punkt aus dem Inneren des Intervalls $[x_1, x_3]$ ist. Wir setzen weiter voraus, dass für die Intervalle gilt $(x_3 - x_1) > (x_2 - x_1)$. Wählen wir den nächsten Iterationspunkt x_4 aus $[x_1, x_2]$, dann reduziert sich das Suchintervall auf $[x_1, x_2]$, wenn $f(x_4) < f(x_2)$ gilt, oder auf $[x_4, x_3]$ für $f(x_4) > f(x_3)$. Da diese Entscheidung im Voraus nicht bekannt ist, wird versucht, das größere der Suchintervalle $[x_4, x_3]$ und $[x_1, x_2]$ zu minimieren. Das erreicht man, wenn beide Intervalle gleich groß sind. Das bedeutet, dass x_4 symmetrisch zum Punkt x_2 im Intervall $[x_1, x_2]$ gewählt wird. Die gleiche Strategie wird dann im Fall (i) im Intervall $[x_1, x_2]$ oder im Fall (ii) in $[x_4, x_3]$ fortgesetzt. Somit wird der j-te Punkt symmetrisch zum $(j-1)$-ten Iterationspunkt im verbliebenen Intervall gewählt. Zusätzlich fordert man, dass sich bei l Iterationen die Länge Δ, des letzten Suchintervalls auf die Hälfte der Länge des vorangegangenen Intervalls reduziert, d. h.:

$$\Delta_{l-1} = 2\Delta_l \,.$$

Im vorangegangenen Suchschritt sind x_{l-1} und x_l symmetrisch bezüglich des Suchintervalls und haben den Abstand Δ_{l-1} von den Enden des Intervalls. Das führt zu

$$\Delta_{l-2} = \Delta_{l-1} + \Delta_l \,.$$

Generell gilt dann

$$\Delta_{j-2} = \Delta_{j-1} + \Delta_j \quad \text{für} \quad 1 < j < l \,.$$

Notiert man die Bildungsvorschrift für die ersten Elemente noch einmal:

$$\begin{aligned}
\Delta_{l-1} &= 2\Delta_l \\
\Delta_{l-2} &= \Delta_{l-1} + \Delta_l = 3\Delta_l \\
\Delta_{l-3} &= \Delta_{l-2} + \Delta_{l-1} = 5\Delta_l \\
\Delta_{l-4} &= \Delta_{l-3} + \Delta_{l-2} = 8\Delta_l \,,
\end{aligned}$$

so erkennt man die durch diese Bildungsvorschrift definierte Fibonacci-Zahlenfolge mit

$$F_0 = 1 \,, \quad F_1 = 1 \quad \text{und} \quad F_k = F_{k-l} + F_{k-2} \quad \text{für} \quad k = 2, 3, \ldots$$

Für die Intervalllängen kann man dann schreiben:

$$\Delta_{l-j} = F_{j+1}\Delta_l \quad j = 1, 2, \ldots, l-1 \tag{3.21}$$

Für $j = l - 1$ erhält man

$$\Delta_1 = F_l \Delta_l \quad \text{oder} \quad \Delta_l = \frac{\Delta_l}{F_l} \tag{3.22}$$

Das bedeutet, dass die Intervalllänge mit l Zielfunktionswertberechnungen auf Δ_1/F_l reduziert werden kann.

Die auf dieser Idee beruhende Fibonacci-Suche ist unter den genannten Voraussetzungen die effektivste Strategie, ein gegebenes Anfangsintervall $[a, b]$ mit minimaler Zahl von Zielfunktionswertberechnungen auf ein Suchintervall vorgegebener Länge Δ_l zu reduzieren oder bei vorgegebener Anzahl von Zielfunktionswertberechnungen ein minimales Suchintervall zu erreichen. Ausgehend von (3.20) und (3.21) erhält man im j-ten Schritt bei l vorgegebenen Funktionswertberechnungen

$$x_2 = x_3 - \frac{F_{l-j-1}}{F_{l-j+1}}(x_3 - x_1) \,. \tag{3.23}$$

Wie bereits ausgeführt, wird der Punkt x_4 so gewählt, dass $x_3 - x_4 = x_2 - x_1$ und damit

$$x_4 = x_1 - x_2 + x_3 \tag{3.24}$$

gilt. In Abhängigkeit von der Lage der Punkte x_2 und x_4 und den Werten der Zielfunktion $f(x_2)$ und $f(x_4)$ ist dann das neue Suchintervall zu ermitteln (siehe Algorithmus Schritte 1–5).

3.4.2
Aufbau des Algorithmus

S0: Eingabe der maximalen Anzahl von Zielfunktionswertberechnungen l. Ermittle die entsprechenden Fibonacci-Zahlen F_2 bis F_l, Eingabe des Suchintervalls $[a, b]$. Setze $x_1 = a$ und $x_3 = b$. Berechne x_2 nach (3.22) und $f(x_2)$ und setze $k = 1$.
S1: Ermittle x_4 nach (3.23) und berechne $f(x_4)$. Ist $f(x_4) > f(x_2)$, gehe zu S4 Ist $x_2 < x_4$, gehe zu S3.
S2: Das neue Suchintervall ist $[x_1, x_2]$. Setze $x_3 = x_2$ und $x_2 = x_4$. Gehe zu S6.
S3: Das neue Suchintervall ist $[x_2, x_3]$. Setze $x_1 = x_2$ und $x_2 = x_4$. Gehe zu S6.
S4: Ist $x_2 < x_4$ dann gehe zu S5. Ansonsten setze $x_1 = x_4$ und das Intervall $[x_4, x_3]$ wird zum neuen Suchbereich. Gehe zu S6.
S5: Das neue Suchintervall ist $[x_1, x_4]$. Setze $x_3 = x_l$.
S6: Setze $k = k + 1$. Ist $k \le l$ dann gehe zu S1. Ansonsten ist die Lösung erreicht. Das Suchintervall wurde auf $[x_1, x_2]$ reduziert und der Punkt x_2 mit $f(x_2)$ ist der minimale Zielfunktionswert. Stopp.

Beispiel 3.5 Gesucht ist das Minimum der Funktion

$$f(x) = x^4 - 16x^3 + 70x^2 - 80x$$

im Intervall $[-5, 3]$. Nach der vorgegebenen Maximalzahl von $l = 22$ Zielfunktionswertberechnungen wurde die Rechnung mit dem Wert $x_2 = 0.753\,89$ aus dem Intervall $[x_1, x_3] = [0.753\,82, 0.754\,80]$ abgebrochen. Der Zielfunktionswert $f(x_2)$ beträgt $f(x_2) = -27.059\,25$. Das Beispiel wurde unter „C:\optisoft\examples\b3430fibo.cpp" gespeichert.

3.5 Das Verfahren des Goldenen Schnitts

3.5.1 Grundlagen des Verfahrens

Es wird die Aufgabenstellung betrachtet, das Minimum der unimodalen Zielfunktion $f(x)$ im Intervall [a, b] mit der Genauigkeit ϵ zu ermitteln.

$$f(x) = \text{min!} \quad \text{mit} \quad a \leq x \leq b \tag{3.25}$$

Für die Bildung der Suchintervalle gelten die gleichen Überlegungen wie in Abschnitt 3.4.1 für die Fibonacci-Suche, d. h.:

$$\Delta_{j-1} = \Delta_j + \Delta_{j+1} \tag{3.26}$$

Da jedoch l nicht gegeben ist, kann die Beziehung $\Delta_{l-1} = 2\Delta_l$ nicht benutzt werden. Wir fordern deshalb, dass das Verhältnis zweier aufeinanderfolgender Suchintervalle konstant sein soll. Dann gilt

$$\frac{\Delta_{j-1}}{\Delta_j} = \frac{\Delta_j}{\Delta_{j+1}} = \frac{\Delta_{j+1}}{\Delta_{j+2}} = \tau > 0 \,. \tag{3.27}$$

Teilt man in (3.26) durch Δ_j ergibt sich

$$\frac{\Delta_{j-1}}{\Delta_j} = 1 + \frac{\Delta_{j+1}}{\Delta_j} = \tau = 1 + \frac{1}{\tau} \tag{3.28}$$

Löst man $\tau^2 - \tau - 1 = 0$, so erhält man $\tau = (1 + \sqrt{5}/2) = 1.618\,034$. Die Suche wird dann so organisiert, dass im Intervall $[a, b]$ zwei Punkte x_l, x_2 ermittelt und die Zielfunktionswerte berechnet werden.

Der Punkt x_l ist dann von $a = x_0$ um $\Delta_l/\tau = (b - a)/\tau$ und x_2 ist die gleiche Distanz von $b = x_3$ entfernt (s. Abb. 3.1). In Abhängigkeit von den Zielfunktionsverhältnissen wird dann entschieden, ob das neue Suchintervall $[x_0, x_2]$ oder $[x_1, x_3]$ ist.

Der Name Goldener Schnitt rührt aus den Verhältnissen in (3.28) her. Für Abb. 3.1 bedeutet das:

$$\frac{\Delta_l}{\Delta_2} = \frac{\Delta_2}{\Delta_1 - \Delta_2} \,, \tag{3.29}$$

d. h., dass das Verhältnis des Ganzen (Δ_l) zum größeren Teil (Δ_2) gleich dem Verhältnis des größeren Teils (Δ_2) zum kleineren Teil ($\Delta_1 - \Delta_2$) ist. Die Suche nach dem Verfahren das Goldenen Schnitts ist nahezu so effektiv wie die Fibonacci-Suche.

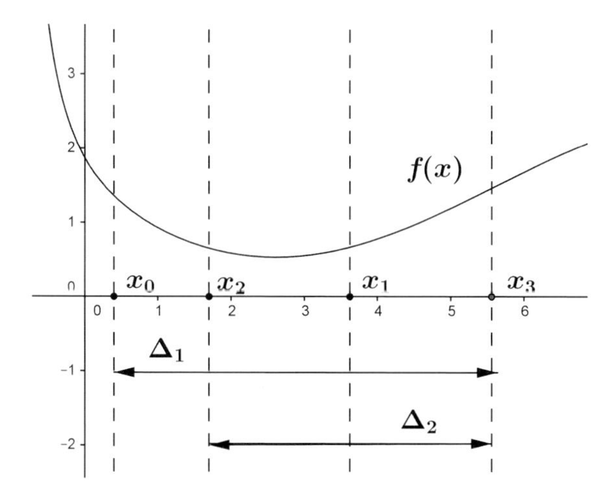

Abb. 3.1 Eindimensionale Suche nach dem Verfahren des Goldenen Schnittes. Mit freundlicher Genehmigung des GeoGebra-Instituts Linz unter Verwendung der Software GeoGebra bereitgestellt.

3.5.2
Aufbau das Algorithmus

S0: Eingabe des Suchintervalls $[a, b]$. Setze $x_0 = a$ und $x_3 = b$. Setze $t_1 = 1/\tau$ und $t_2 = 1 - t_1$ Berechne $x_1 = a + t_1(b - a)$. Ermittle (x_1) und $f(x_2)$. Eingabe von ϵ.

S1: Ist $f(x_2) < f(x_1)$, dann gehe zu S2. Sonst ist das neue Suchintervall $[x_0, x_2]$. Berechne $\Delta = x_3 - x_1$ und setze $x_3 = x_2$ und $x_2 = x_l$. Ermittle den neuen Punkt $x_1 =: x_0 + t_1\Delta$ und seinen Zielfunktionswert $f(x_1)$. Gehe zu S3.

S2: Das neue Suchintervall ist $[x_1, x_3]$. Berechne $\Delta = x_3 - x_1$ und setze $x_0 = x_1$ sowie $x_1 = x_2$, ermittle den neuen Punkt $x_2 = x_0 + t_2\Delta$ und seinen Zielfunktionswert $f(x_2)$.

S3: Ist $\Delta > \epsilon$ dann gehe zu S1. Ansonsten ist x_1 das Minimum mit dem Zielfunktionswert $f(x_l)$. Stopp.

Beispiel 3.6 Es ist das Minimum der Funktion wie in Beispiel 3.5

$$f(x) = x^4 - 16x^3 + 70x^2 - 80x$$

im Intervall $[-5, 3]$ mit der Genauigkeit $\epsilon = 0.001$ gesucht. Nach 20 Iterationen (Zielfunktionswertberechnungen) wurde die geforderte Genauigkeit erreicht. Das Restintervall ist $[x_0, x_2] = [0.753\,81, 0.754\,67]$. Lösung wird der Punkt $x_l = 0.754\,01$ mit dem Zielfunktionswert $f(x_1) = -27.059\,25$. Das Beispiel wurde unter „C:\optisoft\examples\b3430gold" gespeichert.

3.6 Newton-Verfahren

3.6.1 Grundlagen des Verfahrens

Bei der Darstellung des Verfahrens gehen wir davon aus, dass das Minimum der Funktion $f(x)$ $x \in R$ zu bestimmen ist, d. h.:

$$f(x) = \min! \quad \text{mit} \quad x \in R \,. \tag{3.30}$$

Die Funktion $f(x)$ wird dabei als zweimal stetig differenzierbar vorausgesetzt. Zur Bestimmung von Extremwerten der Funktion $f(x)$ ist es nach (2.6) notwendig, Näherungswerte zu Lösungen der Gleichung $f'(x) = 0$ zu finden. Die grundlegende Idee des Verfahrens ist es, zur Bestimmung von x^1 die Linearisierung der Funktion $f'(x)$ – die Tangente an den Graphen von $f'(x)$ – im Ausgangspunkt x^0 zu berechnen. Deren Nullstelle wird als verbesserte Näherung x^1 der Nullstelle x^* der Funktion angesehen:

$$x^1 \quad \text{ist Lösung von} \quad f'(x^0) + f''(x^0)(x - x^0) = 0 \,.$$

Die erhaltene Näherung dient als Ausgangspunkt für einen weiteren Verbesserungsschritt:

$$x^{k+1} = x^k - \frac{f'(x^k)}{f''(x^k)} \,.$$

Diese Iteration erfolgt, bis die Änderung in der Näherungslösung $\|x^{k+1} - x^k\|$ eine vorzugebende Schranke ϵ unterschritten hat:

$$\|x^{k+1} - x^k\| < \epsilon \,.$$

Das Iterationsverfahren konvergiert im günstigsten Fall asymptotisch mit quadratischer Konvergenzordnung $\|x_{k+1} - x\| \le c\|x_k - x\|^2$, $k = 0, 1, \ldots$, die Zahl der korrekten Dezimalstellen verdoppelt sich dann in jedem Schritt.

3.6.2 Aufbau des Algorithmus

S0: Eingabe der maximalen Iterationszahl itmax, der Abbruchschranke ϵ und des Startpunktes x^0.
Setze $k = 0$.

S1: Ermittle x^{k+1} nach

$$x^{k+1} = x^k - \frac{f'(x^k)}{f''(x^k)} \,.$$

Ist

$$\|x^{k+1} - x^k\| < \epsilon \,,$$

gehe zu S4.

S2: Setze $k = k + 1$.
S3: Ist $k \leq$ itmax, gehe zu S1.
S4: Stopp; $x^* = x^k$ Näherungslösung.

Der Algorithmus wurde in der Headerdatei „newton1.h" implementiert.

Beispiel 3.7 An der in den vergangenen beiden Abschnitten betrachteten Funktion

$$f(x) = x^4 - 16x^3 + 70x^2 - 80x$$

soll die Abhängigkeit der Lösung vom verwendeten Startpunkt demonstriert werden:
Von dem Startwert $x^0 = 10$ ergibt sich nach 6 Iterationsschritten mit der Genauigkeit $\epsilon = 10^{-5}$ die Näherungslösung $x^* = 7.8809$ mit dem Funktionswert $f(x^*) = -256.939$.
Das Beispiel wurde unter „C:\optisoft\examples\b3642newton1.cpp" gespeichert.

Beispiel 3.8 Gesucht ist das Minimum der Funktion

$$f(x) = 0.25x^4 - 2x\ .$$

Mit dem Startpunkt $x^0 = 4.0$, der vorgegebenen Maximalzahl von 10 Iterationen und der Abbruchgenauigkeit $\epsilon = 0.000\,01$ wurde die Rechnung nach 7 Schritten mit der Näherungslösung $x^7 = 1.259\,92$ abgebrochen. Der Wert der ersten Ableitung beträgt $f'(x^7) = 7.46 \cdot 10^{-14}$. Das Beispiel wurde unter „C:\optisoft\examples\b3632newton1.cpp" gespeichert.

3.7 Runge-Kutta-Verfahren zur Lösung von Differenzialgleichungen

Zu den in den folgenden Kapiteln betrachteten Aufgaben gehören auch

- die Parameterschätzung beim Vorliegen von Differenzialgleichungen,
- die optimale Steuerung.

Diese beinhalten Anfangswertaufgaben der Form

$$\dot{y} = \varphi(y, t) \quad \text{unter den Anfangsbedingungen} \quad y(t_0) = y^0\ . \tag{3.31}$$

Dabei kann es sich sowohl um ein skalares Problem (eine unbekannte Funktion $y(t)$ und einen Anfangswert $y \in R$) oder ein System von m Differenzialgleichungen erster Ordnung für m unbekannte Funktionen $y_i(t)(i = 1, \ldots, m)$ handeln.

Die Einschränkung auf Differenzialgleichungen 1. Ordnung ist bei dieser Problemklasse nicht wesentlich, da sich Anfangswertprobleme höherer Ordnung in Systeme 1. Ordnung äquivalent umformen lassen.

Die Bestimmung einer Näherungslösung für (3.31) erfolgt in den betrachteten Anwendungen diskret in gewissen Punkten t_j und liefert Werte bzw. Vektoren y_j. Dabei auftretende festgehaltene Parameter (z. B. x^k) werden vorübergehend ausgeblendet. Beispielhaft wird für die Lösung des Anfangswertproblems (3.31) ein Runge-Kutta-Fehlberg-Verfahren der Form

$$y_{j+1} = y_j + h\varphi(y_j, t_j, h) \ .$$

betrachtet.

Hierbei hat die Funktion $\varphi(y, t, h)$ die Gestalt:

$$\varphi_r(y, t, h) = \sum_{i=1}^{r} \gamma_i k_i(t, u)$$

mit

$$\begin{aligned}
k_1(y, t) &= \varphi(y, t) \\
k_2(k, t) &= \varphi(y + \beta_{21} k_1 h, t + \alpha_2 h) \\
k_3(y, t) &= \varphi(y + \beta_{31} k_1 h + \beta_{32} k_2 h, t + \alpha_3 h) \\
&\ \vdots \\
k_r(y, t) &= \varphi\left(y + \sum_{j=1}^{r} = 1\beta_{rj} k_j, t + \alpha_r h \right) .
\end{aligned}$$

Die Größen y_j sind Näherungen für die exakten Werte $y(t_j)$.

Es ist

$$y(t_{j+1}) = y(t_j) + h\varphi(y(t_j), t_j, h) + hd_{j+1} \ .$$

Hier sind die d_j die lokalen Störungen der Diskretisierung. Die Koeffizienten $\alpha_j, \beta_j, \gamma_j$ bestimmen die Ordnung der Konsistenz $q \geq 1$, d. h. es gibt Konstante $c > 0, h > 0$ mit

$$\max_j \|d_j\| \leq c\|h\|^q \quad \text{für alle} \quad h \in (0, h_1) \ .$$

Wir bezeichnen dann diese Methode mit RKV(r, q).

Ein häufig verwendeter Vertreter dieser Klasse ist das Runge-Kutta-Verfahren 4. Ordnung.

Das Verfahren benötigt in jedem Schritt der Rekursion drei Auswertungen der Funktion $\phi(t, y)$:

$$y_{j+1} = y_j + h\left(\frac{1}{6} * k_1 + \frac{4}{6} * k_2 + \frac{1}{6} * k_3\right)$$

mit den Zwischenstufen

$$k_1 = \phi(y_j, t_j) ,$$
$$k_2 = \phi\left(y_j + \frac{h}{2} * k_1, t_j + \frac{h}{2}\right) ,$$
$$k_3 = \phi(y_j + hk_1 + 2hk_2, t_j + h) .$$

Für mindestens viermal stetig differenzierbares $\phi(y, t)$ zeigt eine Taylor-Entwicklung nach der Schrittweite, dass es sich bei dem klassischen Runge-Kutta-Verfahren um ein Verfahren mit Konsistenzordnung 4 handelt.

Beispiel 3.9 Lotka-Volterra-Gleichung

Ausgehend von der Fischpopulation des Mittelmeers haben 1925 Lotka und Volterra ein mathematisches Modell für das Räuber-Beute-Verhalten im Tierreich angegeben. Sei $y_1(t)$ zur Zeit t der Anteil der Beute, $y_2(t)$ der Anteil der Räuber in einer Population, dann ergibt sich die zeitliche Entwicklung der Mengen von Räubern und Beute aus der Lösung des folgenden Differenzialgleichungssystems:

$$\dot{y}_1(t) - b_1 y_1(t) - b_2 y_1(t) * y_2(t)$$
$$\dot{y}_2(t) - r_1 y_1(t) * y_2(t) - r_2 y_2(t) ,$$

wobei b_1, b_2, r_1 und r_2 positive Konstanten sind. Mit den Konstanten $b_1 = b_2 = 1, r_1 = 0.5$ und $r_2 = 2$ sowie den Anfangsbedingungen $y_1(0) = 0$ und $y_2(0) = 4$ ergibt sich die in Tabelle 3.1 angegebene Näherungslösung.

Tab. 3.1 Numerische Lösung der Lotka-Volterra-Gleichung.

t	y_1	y_2
0.5	5.069 34	0.574 71
1	5.905 83	0.847 55
1.5	5.562 57	1.370 13
2	4.210 82	1.699 57
2.5	3.117 82	1.555 55
3	2.556 58	1.146 07
3.5	2.592 98	0.785 21
4	3.062 48	0.581 32
4.5	3.881 13	0.507 85
5	4.940 65	0.561 11
5.5	5.838 72	0.804 59
6	5.667 10	1.304 73

Das Beispiel wurde unter „C:\optisoft\examples\b3720rkv.cpp" gespeichert.

3.7.1 Weiterführende Bemerkungen

Die Effektivität und Genauigkeit der Lösungsverfahren gewöhnlicher Differenzialgleichungen im Zusammenhang mit der Parameterschätzung und der optimalen Steuerung kann in verschiedener Hinsicht erhöht werden:

1. Eine Steuerung der Schrittweite h für die Diskretisierung der Variablen t:
   Diese Schrittweite muss auf der einen Seite klein genug gehalten werden, um den Fehler in der Näherungslösung gering werden zu lassen. Auf der anderen Seite muss die Schrittweite möglichst groß gehalten werden, um den numerischen Aufwand für das zu lösenden Problem möglichst gering zu halten.
   Die einfachste Möglichkeit ist angesichts fehlender globaler Schranken das Runge-Prinzip:
   Ist für $t = t_0 + 2nh$ bei Anwendung eines Lösungsverfahrens k-ter Ordnung $y(t,h)$ eine Näherung von $y(t)$, so gilt
   $$y(t) - y(t,h) \approx \frac{f(t,h) - f(t,2h)}{2^k - 1} \,.$$
   Die zur Steuerung von h erforderliche Rechnung mit doppelter Schrittweite erfordert zusätzlichen numerischen Aufwand.
2. Komfortabler hinsichtlich der Genauigkeit ist die in der Runge-Kutta-Fehlberg Methode verwendete automatische Schrittweitensteuerung, die auf einer Schätzung des Diskretisierungsfehlers beruht.
   Wir betrachten
   - eine RKV(r,q)-Methode mit den Koeffizienten $\alpha_2 - \alpha_r, \beta_{21} - \beta_{r,r-1}, \gamma_1 - \gamma_r)$ und
   - eine RKV$(r+1,q+1)$-Methode (Koeffizienten: $\alpha_2 - \alpha_{r+1}, \beta_{21} - \beta_{r+1,r}, \overline{\gamma_1} - \overline{\gamma_{r+1}}$).

   Dann ist
   $$\mathrm{FE} = \left\| \frac{y_k - \overline{y_k}}{h} \right\| = \left\| \sum_{i=1}^{r} (\gamma_i - \overline{\gamma_i}) k_i - \overline{\gamma_{r+1}} k_{r+1} \right\|$$
   eine Schätzung für den Diskretisierungsfehler.
   Sind FV und F0 (FV < F0) vorgegebene Toleranzgrenzen, dann können wir eine neue Schrittweite für die Fälle FE > F0 oder FE < FV berechnen:
   $$h_{\mathrm{neu}} = 0.9h \sqrt[q]{\frac{\mathrm{FO} + \mathrm{FV}}{2\mathrm{FE}}} \,.$$
   Im Fall FE > F0 wiederholen wir den letzten Schritt mit h_{neu}. In Fall FE < FV benutzen wir h_{neu} im folgenden Schritt.
   Weiterhin ist ein Anfangswert h_{start} der Schrittweite notwendig.
3. Liegen Näherungen y_j der gesuchten Funktionen $y(t)$ für diskrete Zeitpunkte t_j vor, so lassen sich brauchbare Näherungsfunktionen $\overline{y(t)}$ durch Interpolation bestimmen.

- Im einfachsten Fall ist dies eine Aneinanderreihung linearer Funktionen $\overline{y_j(t)}$, die jeweils zwischen zwei Punkten (t_j, y_j) und (t_{j+1}, y_{j+1}) erklärt sind:

$$\overline{y}_j(t) = at + b \ ,$$
$$\overline{y}(t_j) = y_j = at_j + b \ ,$$
$$\overline{y}(t_{j+1}) = y_{j+1} = at_{j+1} + b \ .$$

- Eine genauere Näherung liefert eine Spline-Interpolation $\overline{y}(t)$ der Steuerfunktionen $y(t)$. Wenn wir Schätzungen y_j der Werte von $y(t)$ in Gitterpunkten $t_j(j = 1, \dots, J)$ betrachten, dann lassen sich kubische Polynome

$$\overline{y}_j(t) = a_j + b_j(t - t_j) + c_j(t - t_j)^2 + d_j(t - t_j)^3$$

konstruieren, deren Koeffizienten a, b, c sich aus den Interpolationsbedingungen

$$\overline{y}_j(t_j) = y_j$$

sowie aus Stetigkeitsforderungen an die Ableitungen in den Interpolationspunkten ergeben.
Die Übertragung auf Systeme von Differenzialgleichungen und auf die Spline-Interpolation von Steuerungsfunktionen in Kapitel 12 ist offensichtlich.

4. Verwendung des Prinzips des Mehrfachschießens:
Dabei unterteilt man das Integrationsintervall durch sogenannte Schießpunkte $\tau_i(i = 1, \dots, q)$ und erklärt Teiltrajektorien. Die Stetigkeitsforderung an die Koppelung liefert zusätzliche Bedingungen in den Schießpunkten.
5. Die Lösung der auftretenden Anfangswertaufgabe mit einer leistungsfähigeren Methode, z. B. dem adaptiven Runge-Kutta-Verfahren [11]. Es wurde zur Lösung von steifen Differenzialgleichungssystemen entwickelt, wobei auch Varianten existieren, die zur Behandlung von parabolischen Differenzialgleichungen dienen. Grundlage dieses Programmsystems sind zwei Runge-Kutta-Verfahren, die adaptiv ausgewählt werden. Es wird ein explizites Runge-Kutta-Fehlberg-Verfahren benutzt, welches eine hohe Fehlerordnung besitzt. Dies wird mit einem impliziten Runge-Kutta-Verfahren mit einer niedrigen Fehlerordnung gekoppelt. Das Ziel besteht darin, dass man die speziellen Verfahren jeweils dann anwendet, wenn die Verfahren am effektivsten arbeiten. Kriterium dafür ist die gerade verwendete Zeitschrittweite. Es wird nach einer vom Programm festgelegten Zahl von Integrationsschritten eine Vergleichsrechnung mit beiden Verfahren durchgeführt. Daraufhin benutzt man dasjenige, welches die größere Schrittweite erlaubt.

4
Probleme und Algorithmen als C++-Klassen

Entsprechend dem Anliegen des Buches werden die implementierten Algorithmen und Beispiele als C++-Klassen bereitgestellt. Im ersten Abschnitt des Kapitels werden die unterschiedlichen Programmierungsparadigmen – von der strukturierten Programmierung bis zur objektorientierten Programmierung – erläutert. Zum Verständnis der Ausführungen ist es vorteilhaft, wenn der Leser über Grundkenntnisse der strukturierten Programmierung in C++ verfügt. Zur Erinnerung und zur Erschließung der programmtechnischen Details wird eine referenzartige Zusammenfassung der wesentlichen Elemente dieser Sprache im Anhang angegeben. Der Erläuterung der objektorientierten Vorgehensweise dient die Darstellung des Klassenkonzepts am Beispiel des Newton-Verfahrens zur Bestimmung des Minimums von Funktionen einer Veränderlichen. Außerdem wird die Speicherung der Resultate numerischer Experimente in Dateien beschrieben. Eine Entwicklungsumgebung zur Generierung der Problemklassen, zur Verknüpfung mit den Solverklassen sowie zur Compilierung und Ausführung des generierten Beispiels wird als Konsoleversion in Kapitel 14 vorgestellt. Die Übertragung in eine Formularversion wird skizziert, dabei werden Vorschläge für die Formularoberfläche angegeben. Auf die Verknüpfung der Beispiele und Solver mit den Objekten der Formulare und die Umwandlung von Zeichen in numerische Werte bei der Eingabe und umgekehrt bei der Ausgabe wird nicht eingegangen.

4.1
Die Programmiersprache C++

Brian W. Kernighan und Dennis M. Ritchie entwickelten 1972 die Basis für das Betriebssystem UNIX und verwendeten dafür die Programmiersprache C. Für sie wurde 1989 der ANSI-Standard für das Programmieren festgelegt. Bjarne Stroustrup beschrieb 1985 C++ als objektorientierte Erweiterung von C. Mit der beibehaltenen Effizienz von C in C++ gelang ein Durchbruch hinsichtlich der Objektorientiertheit. Als zulässige Lesart gilt auch, C++ als traditionelle prozedurale Programmiersprache mit zusätzlichen Funktionen anzusehen: C wird um einige Konstrukte für objektorientiertes Programmieren erweitert und um einige Sprachelemente, die die allgemeine Syntax verbessern sollen. Jedes gut geschrie-

Optimierung in C++, 1. Auflage. Claus Richter.

bene C++ Programm wird sowohl Elemente des objektorientierten Programmierens als auch solche klassischen prozeduralen Programmierens enthalten. C++ ist eine erweiterbare Sprache, da wir neue Typen definieren können, die sich wie die vordefinierten Typen verhalten.

4.2 Der Weg zur objektorientierten Programmierung

Strukturierte Programmierung

Die effektive Implementierung von Algorithmen durch die Bereitstellung von

- Schleifen und
- Verzweigungen

war Konrad Zuse ein wesentliches Anliegen bei der Entwicklung des ersten Rechenautomaten. Zusammen mit

- linearen Befehlsfolgen

bilden sie das Grundgerüst der strukturierten Programmierung. Sprünge innerhalb der Programme werden durch Schleifen und Verzweigungen weitestgehend vermieden (goto-freie Programmierung). Bei kleinen und einfachen Aufgabenstellungen werden im „Hauptprogramm" „globale" Variable von den Anweisungen mit Werten belegt und verändert. Eine Aufteilung in Unterprogramme ist meist nicht notwendig. Der Nachteil ist die erforderliche erneute Bereitstellung sich wiederholender Verarbeitungsvorschriften. Dies führt zur Unterprogrammtechnik (prozedurale Programmierung). Sich wiederholende Anweisungen werden in sogenannten Prozeduren zusammengefasst. Wenn eine Prozedur aufgerufen wird, werden die darin versammelten Anweisungen ausgeführt. Anschließend kehrt das Programm an die Stelle nach dem Prozeduraufruf zurück. Mit der Einführung von Parametern und der Verschachtelung von Prozeduren kann eine bessere Strukturierung von Programmen erreicht werden. Außerdem lässt sich die Fehlerrate verringern. Einmal fehlerfrei implementierte Befehlsfolgen werden immer wieder korrekt arbeiten. Durchdachte Unterprogrammtechnik führt oft dazu, dass Hauptprogramme nur noch im Aufruf von Unterprogrammen besteht. Die separate Nutzung von Prozeduren basiert darauf, dass man zu lösende Aufgaben a priori in Teilaufgaben zerlegt und die dazu erforderlichen Prozeduren in Modulen zusammenfasst.

Modulare Programmierung

Wollen wir z. B. am Computer den Hausbau begleiten, so müssen wir z. B. Entwurfsarbeiten, bautechnische Berechnungen und Materialplanung durchführen sowie die technologische Realisierung überwachen. Wir könnten jeder Aufgabe für sich ein Modul zuordnen und die darin durchzuführenden Datenverarbeitungsaufgaben in Prozeduren zusammenfassen. Dies führt zur modularen Programmierung. Jedes Modul tritt nur einmal im Programm auf. Die interne Verarbeitung im Modul richtet sich nach den Regeln der strukturierten Programmierung, tritt aber für den Nutzer etwas in den Hintergrund. Wie bei einer „black box“ sind vor allem die Ein- und Ausgangsdaten von Interesse.

Objektorientierte Programmierung

Objektorientierte Programmierung unterscheidet sich grundlegend von der bisherigen Vorgehensweise. Die Lösung des Problems besteht nun in der Wechselwirkung von einzelnen Objekten, deren innere Dynamik sich nach den Regeln der strukturierten und der modularen Programmierung richtet, für die Nutzung in anderen Programmen aber nur von sekundärem Interesse ist. Die bisher vorhandene „klassische„ Aufteilung eines Programms in Daten und Verarbeitungsvorschrift wird in der objektorientierten Programmierung (OOP) durch die Zusammenfassung von Daten und über ihnen erklärte Funktionen zu Objekten ersetzt. Dabei wird möglichst versucht, Objekte aus der Realität in die Rechnerwelt hinein abzubilden. Zur Lösung eines vorgegebenen Problems werden nur noch Nachrichten (Messages) zwischen diesen Objekten ausgetauscht. Das empfangende Objekt wird aufgefordert, mit seinen Daten und den darüber erklärten Funktionen eine Operation auszuführen und darüber wieder eine Nachricht zu versenden.

4.3 Begriffe der objektorientierten Programmierung

Unter einem Objekt verstehen wir eine Variable, welche eine Reihe von Komponenten enthalten kann: Variable und Funktionen. Für einzelne Bestandteile des Objekts können unterschiedliche Zugriffsrechte erklärt sein. Objekte mit der gleichen Versammlung von Variablen, Funktionen und Zugriffsrechten bilden eine Klasse.

Definition der Klasse

Wie wir bereits festgestellt hatten, werden durch Klassen Objekte mit gleichen Eigenschaften (Methoden und Attributen) erzeugt. Der Zugriff auf die einzelnen Elemente der Klasse ist in der Klassendefinition geregelt, sodass die Klasse neben einer öffentlichen Schnittstelle für andere Programmteile auch über geschützte und private Elemente verfügen kann. Damit bleiben diese Elemente Objekten anderer Klassen verborgen und sind nur über die Schnittstelle erreichbar. Attribute einer Klasse werden in der Regel privat sein, sodass ein Zugriff von außen nicht möglich ist.

Syntax der Klassendefinition

```
class name // Name der Klasse
{
  Zugriffsrecht: Attribute;
  Zugriffsrecht: Methoden;
};
```

Zugriffsrechte können dabei deklariert sein als:

public:	Daten bzw. Methoden sind öffentlich. Alle Programmteile können darauf zugreifen.
protected:	Daten bzw. Methoden sind geschützt. Nur die Klasse selbst und von ihr abgeleitete Klassen können darauf zugreifen.
private:	Daten bzw. Methoden sind privat. Nur die Klasse selbst kann darauf zugreifen.

Ein Grundprinzip der objektorientierten Programmierung besteht darin, dass

- Attribute in der Regel private sind und
- Funktionen in der Regel public sind.

Vererbung

Elternklassen können Variable, Konstanten und Funktionen an Kindklassen vererben. Die jeweilige Kindklasse übernimmt oder verändert dann diese Elemente von einer oder mehreren Elternklassen. Die Vererbung der Elemente der Elternklasse E an die Kindklasse K wird in folgender Weise realisiert:

Nach Vereinbarung der Elternklasse E (class E { ... }) wird der Erklärung der Kindklasse K ein Bezug auf die Elternklasse E hinzugefügt:

class K: Zugriffsrecht E {...}.

In den folgenden Beispielen ist das Zugriffsrecht auf die Elternklasse ausschließlich „public“:

class E: public K { ...};

Damit bleibt der Zugriff auf Elemente der in der ursprünglichen Form erhalten.

4.4 Lösungsverfahren und Probleme als Klassen

Als Beispiele sollen die Beschreibung von Optimierungsaufgaben und Lösungsverfahren dienen. Eine Optimierungsaufgabe kann entsprechend der eingangs formulierten Aufgabe als ein Objekt beschrieben werden, welches durch

- den Namen des Problems,
- die Anzahl der Variablen n,
- die Gesamtzahl der Nebenbedingungen m,

- den Charakter der Aufgabe (Variable Typ mit möglichen Werten C, L, Q, P, U),
- Verfügbarkeit der ersten bzw. zweiten Ableitungen,
- evtl. Koeffizienten der Zielfunktion und der Nebenbedingungen,
- Funktionen für eine nichtlineare Zielfunktion und nichtlineare Nebenbedingung sowie deren Ableitungen.
- Die Anfangsbelegung der Membervariablen der Klasse (Namen, m, n Typ…) erfolgt im sogenannten Konstruktor der Klasse.

Als zweites Beispiel soll die Beschreibung eines Lösungsverfahrens der Optimierung als Objekt betrachtet werden. Zu verabredende Variable könnten

- Startwerte,
- Abbruchschranken,
- Verfahrenssteuerparameter,
- eine Funktion zur Eingabe der Verfahrensparameter und von Startwerten der Variablen,
- eine Funktion zur Lösung des Problems,
- eine Funktion zur Ausgabe des Ergebnisses.
- Die Belegung der Membervariablen der Klasse (Startwerte, Abbruchschranken, Verfahrenssteuerparameter) erfolgt im sogenannten Konstruktor der Klasse.

Ein Objekt vom Datentyp (der Klasse) Optimierungsaufgabe und ein Objekt vom Datentyp (der Klasse) Lösungsverfahren tauschen über die Funktionen Botschaften aus. Das empfangende Objekt reagiert darauf mit seinen internen Funktionen in einer Art und Weise, die nicht unmittelbar von den anderen Objekten einsehbar ist. Aus all diesen Nachrichten können die übrigen Objekte Handlungen für sich ableiten und ihre eigenen Aktivitäten entwickeln. Aus der Skizze des Wirkungsmechanismus wird sichtbar, dass die Lösung eines konkreten Objekts der Klasse Optimierungsaufgabe realisiert wird, und dies durch ein einzelnes oder einzelne Objekte der Klasse Lösungsverfahren.

Als zweckmäßig hat sich erwiesen, die Klasse „problem“, welche eine Optimierungsaufgabe beinhaltet, zur Elternklasse der Kindklasse „test“, welche die Komponenten des Lösungsverfahren enthält, zu erklären. Dabei hängen die Struktur der Elternklasse und der Kindklasse von der zu lösenden Aufgabe und dem eingesetzten Lösungsverfahren ab, welche durch die jeweiligen Dateinamen gekennzeichnet sind. Sie stellen sogenannte Instanzen der Klassen dar.

```
#include "C:/optisoft/problems/aufgabe.h"
#include "C:/optisoft/methods/verfahren.h"
#include "C:/optisoft/io/typio.h"
int main()
{ test h;
  h.solve();
  h.output(2);
  getchar();
  return 0;
};
```

- Die Headerdatei „aufgabe.h“ beinhaltet die Klasse „problem" mit der Problembeschreibung.
- Die Headerdatei „verfahren.h“ beinhaltet die Klasse „test“ mit der Memberfunktion „test::solve()“, welche die Implementierung des ausgewählten Verfahrens beinhaltet. In der Klassendeklaration taucht, wie bereits bemerkt, die Vererbung auf:

  class test:public problem.

  Die Klasse „problem“ ist Elternklasse für „test“ und kann auf der anderen Seite wieder selbst als Drei-Generationen-Vererbung aufgefasst werden: ableitungsfreies Problem als Großelternklasse, zugehörige erste Ableitungen als Elternklasse und zweite Ableitungen als Kindklasse. In den überschaubaren Beispielen im Buch wird meist darauf verzichtet.
- Die Headerdatei „typio.h“ beinhaltet die Memberfunktion „test::input()“ und „test::output(int iprint)“ für Ein- und Ausgabe mit dem Drucksteuerparameter iprint.
- Die Bezeichner „aufgabe“, „verfahren“ und „typio“ werden im konkreten Beispiel durch aktuelle Werte ersetzt.
- Die Lösung eines Optimierungsproblems erfolgt nach dem klassischen Prinzip Eingabe, Verarbeitung und Ausgabe. Diese Schritte werden dabei durch Memberfunktionen der Klasse Test realisiert.

Die soeben angestellten Überlegungen sollen am implementierten Beispiel „b3632newton1.cpp“ verdeutlicht werden, welches im Verzeichnis „C:\optisoft\examples“ gespeichert ist:

```
#include "C:/optisoft/problems/b3632.h"
#include "C:/optisoft/methods/newton1.h"
#include "C:/optisoft/io/bio.h"
int main()
{ test h;
  h.input();
  h.solve();
  h.output();
  getchar();
  return 0;
};
```

1. Die Headerdatei “bio.h“ beinhaltet die Memberfunktion für Ein- und Ausgabe. Die Headerdatei “verfahren.h“ enthält die Memberfunktion test::solve(), welche die Implementierung des ausgewählten Verfahrens beinhaltet.
2. Die Problembeschreibung wird durch die Klasse “problem.h“ programmtechnisch umgesetzt. Diese ist einerseits Elternklasse für Test und kann auf der anderen Seite wieder selbst als Drei-Generationen-Vererbung aufgefasst werden: ableitungsfreies Problem als Großelternklasse, zugehörige erste Ableitungen als Elternklasse und zweite Ableitungen als Kindklasse. Die einzelnen Dateien werden unter dem Problemnamen mit dem Zusatz 0, 1 bzw 2 abgespeichert.

Das im Folgenden noch einmal betrachtete Beispiel 3.8

$$f(x) = 0.25 * x^4 - 2x = \min! \quad \text{bei} \quad x \in R^1$$

erfordert für die Lösung durch das Newton-Verfahren eine Klasse *problem*, welche neben der Memberfunktion $f(x)$ die Funktionen $df(x)$ und $d2f(x)$ enthält. Eine mögliche Realisierung wäre in der folgenden Form denkbar:

```
class problem
{ public: string probname;
  double x;
    problem()
    { probname="b3632";
    };
    double f(double x)
    { return 0.25*pow(x,4)-2*x;
    };
    double df(double x)
    { return x*x*x-2;
    };
    double d2f(double x)
    { return 3*x*x;
    }
};
```

Alternativ kann bei Beachtung des Vererbungsprinzips auch eine Klasse:

```
class problem0
{ public:
    string probname;
    double x;
    problem0()
    { probname="b3632";
    };
    double f (double x)
    { return 0.25*pow(x,4)-2*x;
    };
};
```

erklärt werden, welche Elternklasse zur Klasse *problem1* wird.

```
class problem1: public problem0
{ public:
    double df(double x)
    { return x*x*x-2;
    };
};
```

Diese Klasse kann wiederum Elternklasse zur Klasse *problem2* werden:

```
class problem2: public problem1
{ public:
   double d2f(double x)
   { return 3*x*x;
   };
};
```

Diese Vorgehensweise ist besonders dann von Vorteil, wenn für ein Problem sowohl ableitungsfreie Verfahren als auch solche, welche mit ersten bzw. zweiten Ableitungen arbeiten, zum Einsatz kommen (z. B. für vergleichende Experimente). Außerdem können damit konsistente Approximationen der Ableitungen durch Überschreibungen bequem genutzt werden.

3. Die Eingabe mithilfe der Memberfunktion *input()* beschränkt sich auf die beispielrelevanten Parameter, also Startpunkt, maximale Iterationszahl, Abbruchschranke. Sie wird nur in Anspruch genommen, wenn von den im Konstruktor bereitgestellten Werten abgewichen werden soll.

```
void test::input()
{ int i;
  char stand;
cout<<"Mit vorgegebenen Werten arbeiten?(j/n)";
  cin>>stand;
  if (stand=='j') goto bende;
cout<<"Maximale Iterationszahl:";
cin>>itmax;
cout<<"Abbruchschranke:";
cin>>eps;
cout<<"Startpunkt x =";
cin>>x0 ;x=x0;
bende:
};
```

Problemspezifische Daten werden während der Generierung der Klasse *problem* über den Konstruktor bereitgestellt:

```
test()
{methode="newton";it=0;itmax=10;eps=0.00001;x=xs=7;};
```

Der zugehörige Dialog wird in Anhang A beschrieben.

4. Die Ausgabe mithilfe der Memberfunktion *output()* umfasst die Darstellung problemrelevanter Informationen und erzielter Ergebnisse auf dem Bildschirm und in einer Datei. Die Bildschirmausgabe wird mithilfe von „iostream“ realisiert (*cout*<<), durch fstream werden die Informationen in der erzeugten Datei „C:\optisoft\results\"probname+methode+". dat“ abgelegt (*datei*<<). Dabei steht *probname* für den Problemnamen (hier: „b“ für Basics und 343 für die Nummerierung im Buch). *methode* steht für die zur Lösung des Problems verwendete Methode.

```
void test::output()
{ int i;
 fstream datei;
 cout<<probname+methode;
 cout<< "\nit="<<it;
 cout<<"x="<<x;
 cout<<"\nf="<<f(x);
 probname="C:/osoft/results/"+probname+methode+".dat";
 time_t t;
 time(&t);
 cout<<"\n"<<ctime(&t);
 cout<<probname;
 probname=probname+ctime(&t);
 datei.open(probname.c_str(),ios:: out);
 datei<<"\n"<<pn+methode<<"\n";
 datei<< ctime(&t);
 datei<<"\nAbbruchgenauigkeit"<<eps;
 datei<<"\nStartpunkt:\n";
 datei<<"\n x0:"<<x0;
 datei<< "\nIterationszahl="<<it<<"\n";
 datei<<"\nNäherungslösung:\n";
 datei<<"\n x:"<<x;
 datei<<"\n Funktionswert  f="<<f(x);
 datei.close();
};
```

Insgesamt ergibt sich nach Einbinden der Headerdateien der folgender C++-Quelltext:

```
#include <iostream.h>
#include <fstream.h>
#include <math.h>
#include <string.h>
#include <time.h>
class problem0
{ public : string probname;
 double x;
 problem0()
 { probname="b3632";
 };
 double f (double x)
 {return 0.25*pow(x,4)-2*x;};
};
class problem1 :public problem0
{public:
 double df( double x )
 {return x*x*x-2;
 };
};
class problem2 :public problem1
{public:
 double d2f ( double x )
 {return 3*x*x ;
```

```
 };
} ;
class test : public problem2
{public:
 int itmax,it;
 double eps,x,x0;
 string probname,methode;
 void input();
 void output() ;
 test()
  {methode="newton";it=0;itmax=10;eps=0.00001;x=xs=7;};
 double Abs (double x )
  {if (x<0) return -x ;
  else return x ;
  }
 double solve()
  { do
  {x0 =x;
  it ++;
  x=x0-f(x0)/df( x0 ) ;
  }
  while((Abs(x-x0)>=eps)&&(it<=itmax)) ;
  return x ;
  };
};
void test::output()
{ int i;
string probname;
fstream datei;
cout<<pn+methode;
cout<< "\nit="<<it;
cout<<"x="<<x;
cout<<"\nf="<<f(x);
probname="C:/osoft/results/"+probname+methode+".dat";
time_t t;
time(&t);
cout<<"\n"<<ctime(&t);
cout<<probname;
probname=probname+ctime(&t);
datei.open(probname.c_str(),ios:: out);
datei<<"\n"<<probname+methode<<"\n";
datei<< ctime(&t);
datei<<"\nAbbruchgenauigkeit"<<eps;
datei<<"\nStartpunkt:\n";
datei<<"\n x0:"<<x0;
datei<< "\nIterationszahl="<<it<<"\n";
datei<<"\nNäherungslösung:\n";
datei<<"\n x:"<<x;
datei<<"\n Funktionswert  f="<<f(x); datei.close();
};
int main()
{ test h ;
```

```
  h.solve();
  h.output();
  getchar();
  return 0;
};
```

Als Ergebnis wird unter „C:\optisoft\results" gespeichert:

```
C:/optisoft/results/b3632newton.dat
Wed Jan 27 19:46:34 2016
Abbruchgenauigkeit=0.00001
Iterationszahl=9
Näherungslösung: x=2
Funktionswert f=7.4607e-14
```

5 Lineare Optimierung

Die lineare Optimierung besitzt eine große wirtschaftliche Bedeutung, besonders bei der Lösung von Planungsproblemen. Hierfür wurde erstmals von Kantorowitsch 1939 eine lineare Optimierungsaufgabe beschrieben und ein Lösungsverfahren entwickelt, welches er ‚Methode der Auflösungsmultiplikatoren' nannte. Dantzig veröffentlichte 1947 das auf ähnlichen Überlegungen beruhende Simplexverfahren, welches heute noch als die klassische Lösungsmethode für Probleme der linearen Optimierung gilt.

In Abschnitt 5.1 stellen wir diese Methode vor. Es ist kein Zufall, dass sie mit der Entwicklung der Rechentechnik in den 50er-Jahren mehr und mehr an Bedeutung gewonnen hat. Dabei zeigte sich jedoch, dass die rechentechnische Umsetzung einer Methode Rückwirkungen auf ihre Weiterentwicklung selbst hat. So wurde das revidierte Simplexverfahren entwickelt, das rechentechnisch weitaus günstiger ist. Es ist in Abschnitt 5.2 beschrieben. In Abschnitt 5.3 stellen wir eine Idee dar, durch die man versucht, effektivere Lösungsvarianten für lineare Optimierungsprobleme zu erreichen, indem man die Suche des Optimums nicht mehr nur entlang der Eckpunkte des Polyeders der Nebenbedingungen organisiert, sondern gestattet, durch das Innere des zulässigen Bereiches zu gehen. Die Ausführungen hierzu werden im Kapitel 9 vertieft. Dabei versucht man, das Problem der linearen Optimierung iterativ durch asymptotische Näherung an die Lösung zu behandeln. Eine solche Suchstrategie durch das Innere des zulässigen Bereiches wird durch die im weiteren vorgestellten Iterationsverfahren (Ellipsoidverfahren und Projektionsverfahren) realisiert. Trotz der theoretisch vorhandenen Vorteile gegenüber den klassischen Simplexverfahren konnte durch numerische Experimente dieser Sachverhalt bisher nicht eindeutig nachgewiesen werden. Einige der Ursachen hierfür werden in den weiterführenden Bemerkungen diskutiert. Zusammenfassend lassen die bisherigen Erfahrungen die Aussage zu, dass Iterationsverfahren der linearen Optimierung in einigen Spezialfällen erfolgversprechend sein können. Zu diesen Fällen gehören die Lösung von Problemen mit sogenanntem „Kaltstart" (Start ohne zulässige Basislösung) und Probleme mit spezieller Struktur (Besetztheit). Bemerkenswert ist die Eigenschaft dieser Iterationsverfahren, ausschließlich zulässige Punkte zu generieren.

Optimierung in C++, 1. Auflage. Claus Richter.

5.1
Das Simplexverfahren

5.1.1
Grundlagen des Verfahrens

Das Simplexverfahren wird zunächst für die Lösung der Aufgabe

$$\begin{aligned} &f(x) = c^{\mathrm{T}} x = \min! \\ &\text{bei} \quad Ax \leq b\,; \\ &x \geq 0\,, \quad b \geq 0 \end{aligned} \tag{5.1}$$

beschrieben. Jedes lineare Optimierungsproblem (5.1) kann man durch Einfügen von Schlupfvariablen $x_{n+1}, \ldots, x_{n+m}$ in folgender Normalform darstellen:

$$z(x_1, x_2 \ldots, x_{n+m}) = c_1 x_1 + c_2 x_2 + \ldots + c_{n+m} x_{n+m}$$

ist unter Berücksichtigung der linearen Gleichungen

$$\begin{aligned} a_{11}x_1 + a_{12}x_2 + \ldots + a_{1n}x_n + x_{n+1} &= b_1\,, \\ a_{21}x_1 + a_{22}x_2 + \ldots + a_{2n}x_n + x_{n+2} &= b_2\,, \\ a_{m1}x_1 + a_{m2}x_2 + \ldots + a_{mn}x_n + \ldots x_{n+m} &= b_m\,, \\ x \geq 0 \quad \text{für alle} \quad j &= 1, 2 \ldots, m+n \\ b_i \geq 0 \quad \text{für alle} \quad i &= 1, 2 \ldots, m \end{aligned} \tag{5.2}$$

zu minimieren.

In Matrixschreibweise lautet diese Aufgabe

$$\begin{aligned} &z = c^{\mathrm{T}} x = \min! \\ &\text{bei} \quad Ax = b\,, \quad x \geq 0, \quad b \geq 0\,. \end{aligned} \tag{5.3}$$

Löst man die Gleichungen nach den Schlupfvariablen x_{n+1} bis x_{n+m} auf und verwendet die Tableauschreibweise des Austauschverfahrens, so ergibt sich

	x_1	$\ldots$	x_n	1
x_{n+1}	$-a_{11}$	$\ldots$	$-a_{1n}$	b_1
$\vdots$				
x_{n+m}	$-a_{m1}$	$\ldots$	$-a_{mn}$	b_m
z	c_1	$\ldots$	c_n	c_0

(5.4)

Die letzte Zeile des Tableaus enthält die Zielfunktion des Optimierungsproblems. Für die rechte Seite $b = (b_1, \ldots, b_m)^{\mathrm{T}}$ des Gleichungssystems in (5.2) wird angenommen, dass die Komponenten von b nichtnegativ sind.

Definition 5.1. Jede Lösung x von $Ax = b$, die der Bedingung $x \geq 0$ genügt, wird als zulässige Lösung bezeichnet.

Definition 5.2. Je m linear unabhängige Spaltenvektoren von A bilden eine Basis B, die zu diesen Vektoren gehörigen Variablen heißen Basisvariable und alle restlichen Variablen Nichtbasisvariable.

Den Zusammenhang zwischen den soeben eingeführten Begriffen und der Tableauform erkennen wir durch folgende Definition.

Definition 5.3. Ist das Gleichungssystem in (5.2) so umgeformt, dass für irgendeine Basis die Basisvariablen durch die Nichtbasisvariablen ausgedrückt sind und die Zielfunktion nur noch von den Nichtbasisvariablen abhängig ist, so wird von einer Basisdarstellung der Lösungsmannigfaltigkeit des linearen Optimierungsproblems gesprochen.

Wir fassen nun die Basisvariablen zum Vektor x_{B} und die Nichtbasisvariablen zum Vektor x_{N} zusammen und betrachten die Koeffizienten des aus (5.2) abgeleiteten Tableaus als Matrix A_{N} bzw. als Vektor b.

Die Matrixform der Basisdarstellung lautet dann:

$$\begin{aligned} x_{\mathrm{B}} &= A_{\mathrm{N}} x_{\mathrm{N}} + b \\ z &= c^{\mathrm{T}} x_{\mathrm{N}} + c_0 = \min! \end{aligned} \tag{5.5}$$

Mithilfe des in Abschnitt 4.1 beschriebenen Austauschverfahrens kann man Variablen aus der Basis heraus- und in die Basis hineintauschen.

Setzt man eine gewisse Anzahl von Austauschschritten voraus, so lautet das sich ergebende Tableau:

	x_{N_1}	$\ldots$	x_{N_n}	1
$x_{\mathrm{B}1}$	g_{11}	$\ldots$	g_{1n}	r_1
$\vdots$				
$x_{\mathrm{B}m}$	g_{m1}	$\ldots$	g_{mn}	r_m
z	k_1	$\ldots$	k_n	k_0

Basisdarstellung

(5.6)

Definition 5.4. Gegeben ist eine beliebige Basis von A und die dazugehörige Basisdarstellung. Eine Lösung x von $Ax = b$, bei der alle Nichtbasisvariablen gleich Null sind, heißt Basislösung. Eine Basislösung heißt darüber hinaus zulässige Basislösung, wenn alle Basisvariablen nichtnegativ sind.

Definition 5.5. Für eine konvexe Menge G ist $x \in G$ eine Ecke, wenn für x, x_1 und $x_2 \in G$ mit $0 < \lambda < 1$ aus $x = \lambda x_1 + (1 - \lambda)x_2$ folgt $x = x_1 = x_2$.

Für die weiteren Überlegungen ist zielführend, wenn man sich die anschauliche Interpretation zueigen macht, dass für ein Polyeder P im R^n eine Ecke der zu P gehörige Schnittpunkt von n begrenzenden Hyperebenen ist. Dieser kann als Lösung eines linearen Gleichungssystems ermittelt werden.

Das Simplexverfahren basiert auf folgenden Ideen:

1. Unter den Lösungen einer linearen Optimierungsaufgabe befindet sich immer eine Ecke des zulässigen Bereichs.
2. Jede Ecke des zulässigen Bereichs ist Lösung eines Gleichungssystems der zugehörigen aktiven Nebenbedingungen.
3. Nicht alle aus Nebenbedingungen einer Optimierungsaufgabe formulierten Gleichungssysteme besitzen als Lösung Ecken des zulässigen Bereichs.
4. Durch spezielle Festlegung der Pivotelemente des Austauschverfahrens bewegt man sich von einer ersten Ecke des zulässigen Bereichs zur nächsten.
5. Dabei werden nur solche Ecken ausgewählt, für die der Zielfunktionswert fällt.

Sind im Tableau alle $r_j \geq 0$, so ist die Basislösung

$$x_{\mathrm{N}} = (0, 0, \ldots, 0)\,, \quad x_{B_i} = r_i \quad (i = 1, \ldots, m)$$

eine zulässige Basislösung, die Basisdarstellung wird dann als zulässige Basisdarstellung bezeichnet. Eine Basislösung ist also eine Lösung, die nur höchstens m von Null verschiedene Lösungskomponenten hat. Der Zusammenhang zwischen einer zulässigen Basislösung und einem Eckpunkt des zulässigen Bereichs wird mit folgendem Satz angegeben:

Satz 1. *Eine zulässige Lösung x von (5.1) ist dann und nur dann ein Eckpunkt, wenn x eine zulässige Basislösung ist. Mit diesen Definitionen kann das Simplextheorem formuliert werden.*

Simplextheorem

Die Lösung eines linearen Optimierungsproblems (5.1) ist eine zulässige Basislösung.

Zur Bestimmung einer optimalen Lösung von (5.1) kommen nach dem Simplextheorem also nur zulässige Basislösungen in Frage. Welche von diesen Lösungen die optimale ist, wird durch das Simplexkriterium beantwortet.

Simplexkriterium

Ist $x_L = (x_{\mathrm{B}}, x_{\mathrm{N}})^{\mathrm{T}}$ eine zulässige Basislösung (in der Basisdarstellung (5.6) sind alle $r_i \geq 0$, $i = 1, \ldots, m$) von (5.4) und hat die Zielfunktion in der dazugehörigen Basisdarstellung die Form

$$k_1 x_{\mathrm{N}1} + k_2 x_{\mathrm{N}2} + \ldots + k_n x_{\mathrm{N}n} + k_0$$

mit $k_j \geq 0$ für $j = 1, \ldots n$, so ist x_L eine Lösung.

Das Simplexverfahren zur Ermittlung einer Lösung von (5.3) kann mit den gegebenen Aussagen folgendermaßen charakterisiert werden.

- Aufgrund des Simplextheorems sind nur die zulässigen Basislösungen auf Optimalität zu untersuchen. Sie beschreiben die Eckpunkte des zulässigen Bereichs.

- Ausgangspunkt ist eine zulässige Basisdarstellung. Diese erhält man aus dem ersten Tableau wegen $b \geq 0$. Für die zulässige Basislösung x^0 gilt $z(x^0) = c_0$.
- In jedem Iterationsschritt berechnet man aus x^k und B_k eine neue Basis B_{k+1} mit der dazugehörigen zulässigen Basislösung x^{k+1}. Für diese ist der Wert der Zielfunktion $z(x^{k+1}) = c_{k+1}(c_{k+1} \leq c_k)$ nicht größer als $z(x^k) = c_k$.
- Nach endlich vielen Iterationen wird erreicht, dass für alle Koeffizienten $k_j \geq 0$ $(j = 1, \ldots, n)$ gilt. Aufgrund des Simplexkriteriums ist die zu dieser Basisdarstellung gehörige zulässige Basislösung dann eine Optimallösung, sofern sie existiert.

5.1.2 Aufbau des Algorithmus

S0: Die zu lösende Optimierungsaufgabe (5.1) liege nach Einfügen von Schlupfvariablen als Basisdarstellung (5.3) vor.

S1: Ermittle den Index t aus

$$k_t = \min(k_j : 1 \leq j \leq n)$$

Ist $k_t < 0$, so wird die Nichtbasisvariable $x_{\mathrm{N},t}$ in der nächsten Iteration zur Basisvariablen.

S2: Ist $k_t \geq 0$, so ist die optimale Lösung $x^* = x^k$ erreicht. Stopp.

S3: Ermittle den Index s aus

$$\frac{r_s}{-g_{st}} = \min \frac{r_i}{-g_{it}} \quad (1 \leq i \leq m, g_{it} < 0) \,.$$

Die Basisvariable x_{B_s} wird in der nächsten Iteration zur Nichtbasisvariablen.

S4: Ermittle die neue Basisdarstellung mit x_{N_t} als Basisvariable und $x_{\mathrm{B},s}$ als Nichtbasisvariable. Gehe zu S2.

Das C++-Programm „simplex.h " realisiert diesen Algorithmus und ist unter „C:\optisoft\methods\simplex.h" gespeichert.

Beispiel 5.1 Gesucht ist das Minimum der Funktion

$$z = -2x_1 - 3x_2$$

unter den Nebenbedingungen

$$\begin{aligned} 2x_1 + 4x_2 &\leq 16 \,, \\ 2x_1 + x_2 &\leq 10 \,, \\ 4x_1 &\leq 20 \,, \\ 4x_2 &\leq 12 x_1 \geq 0 \,, \quad x_2 \geq 0 \,. \end{aligned}$$

Die Minimumsuche für die Zielfunktion ist äquivalent mit der Maximumsuche für die Funktion $z = 2x_1 + 3x_2$ Nach Einführung von Schlupfvariablen ergibt sich als erstes Tableau mit der q-Spalte gemäß S4.

	x_1	x_2	1	q
x_3	−2	−4	16	4
x_4	−2	−1	10	10
x_5	−4	0	20	–
x_6	0	−4	12	3
z	−2	−3	0	
K	0	−1/4	3	

	x_1	x_6	1	q
x_3	−2	1	4	2
x_4	−2	1/4	7	7/2
x_5	−4	0	20	5
x_2	0	−1/4	3	–
z	−2	3/4	− 9	
K	−1/2	1/2	2	

	x_3	x_6	1	q
x_1	−1/2	1/2	2	–
x_4	1	−3/4	3	4
x_5	2	−2	12	6
x_2	0	−1/4	3	12
z	1	−1/4	−13	

	x_3	x_4	1	q
x_1	*	*	4	
x_6	*	*	4	
x_5	*	*	4	
x_2	*	*	2	
z	2/3	1/3	−14	

Die Lösung lautet $x_1^* = 4$, $x_2^* = 2$. Der optimale Zielfunktionswert ist $f(x^*) = -14$. Das Beispiel wurde unter „C:\optisoft\examples\l5130simplex.cpp“ gespeichert.

5.1.3 Konstruktion eines ersten Simplextableaus

In den Überlegungen zum Simplexverfahren waren wir davon ausgegangen, dass die Nebenbedingungen in Ungleichungsform vorliegen und durch Auflösung nach den danach eingeführten Schlupfvariablen eine Basisdarstellung gegeben ist, welche im Falle nichtnegativer b_i $(i = 1, \ldots, m)$ nichtnegativ zu einer zulässigen Basislösung gehört.

Ist diese Voraussetzung nicht erfüllt, so kann die Methode der künstlichen Variablen, welche die Minimierung einer Hilfszielfunktion zum Ziel hat, zum Erfolg führen.

Die zu lösende Optimierungsaufgabe kann nach Einführung von Schlupfvariablen in der Form

$$z = c^T x + c_0 = \min!$$
$$\text{bei} \quad Ax = b\,, \quad x \geq 0\,, \quad b \geq 0$$

gebracht werden. Die Bedingung $b \geq 0$ kann dabei gegebenenfalls durch Multiplikation der entsprechenden Gleichung mit -1 erreicht werden. Nun führen wir künstliche Variable $w = (w_1, \ldots, w_m)^T$ ein und lösen zunächst die Hilfsaufgabe

$$\begin{aligned} &h = e^T w = \min! \\ &\text{bei} \\ &Ax + w = b\,, \\ &x \geq 0, w \geq 0\,. \end{aligned} \tag{5.7}$$

Die Zielfunktion ist wegen $h \geq 0$ nach unten beschränkt. Außerdem ist der zulässige Bereich nichtleer – mit $x = 0$, $w = b$ sind alle Nebenbedingungen erfüllt.

Darüber hinaus kann gezeigt werden:

Satz 2.
1. *Ist der optimale Zielfunktionswert für $h > 0$, dann besitzt die Aufgabe (5.1) einen leeren zulässigen Bereich.*
2. *Für $h = 0$ ist der zulässige Bereich nichtleer.*

Für die praktische Durchführung der Rechnung löst man die Gleichungen in (5.7) nach den w_i auf und bildet die Koeffizienten der Hilfszielfunktionszeile, indem man die im Tableau darüberstehenden Koeffizienten addiert(!$h = \sum w_i$). Es ergibt sich für die Hilfsaufgabe folgendes Anfangstableau:

H_1	x_1	$\ldots$	x_n	1
w_1	$-a_{11}$	$\ldots$	$-a_1 n$	b_1
$\ldots$	$\ldots$	$\ldots$	$\ldots$	
w_m	$-a_{m1}$	$\ldots$	$-a_{mn}$	b_m
z	c_1	$\ldots$	c_n	c_0
h	h_1	$\ldots$	h_n	h_0

Die Zielfunktion wird während des nun folgenden Austauschs ohne Berücksichtigung mitgeführt.

Nach endlich vielen Austauschschritten, bei denen man die w_i in die Nichtbasisvariablen tauscht und die zugehörige Spalte anschließend streicht, erreicht man ein optimales Tableau der Hilfsaufgabe.

Dies ist für $h = 0$ ein Anfangstableau für unsere Ausgangsaufgabe.

Beispiel 5.2 Gegeben ist die lineare Optimierungsaufgabe

$$
\begin{aligned}
&z = x_1 + x_2 = \min! \\
&\quad \text{bei} \\
&x_1 + 4x_2 \geq 8 \\
&2x_1 + 3x_2 \geq 12 \\
&2x_1 + x_2 \geq 6 \\
&x_1 \geq 0\,, \quad x_2 \geq 0\,.
\end{aligned}
$$

Nach Einführung von Schlupfvariablen und von künstlichen Variablen ergibt sich die Hilfsaufgabe

$$
\begin{aligned}
&h = w_1 + w_2 + w_3 = -5x_1 - 8x_2 + x_3 + x_4 + x_5 + x_6 = \min! \\
&\quad \text{bei} \\
&w_1 + x_1 + 4x_2 - x_3 = 8 \\
&w_2 + 2x_1 + 3x_2 - x_4 = 12 \\
&w_3 + 2x_1 + x_2 - x_5 = 6\,.
\end{aligned}
$$

Alle Variablen sollen dabei nur nichtnegative Werte annehmen.
Als erstes Tableau ergibt sich

H_1	x_1	x_2	x_3	x_4	x_5	1
w_1	−1	−4	1	0	0	8
w_2	−2	−3	0	1	0	12
w_3	−2	−1	0	0	1	6
z	1	1	0	0	0	0
h	−5	−8	1	1	1	26

Nach den Austauschschritten $x_1 \leftrightarrow w_3$, $x_2 \leftrightarrow w_1$, $x_4 \leftrightarrow w_2$ erhält man als Endschema

H_4	w_3	w_1	w_2	x_4	x_5	1
x_2	*	*	*	0	0	3
x_3	*	*	*	1	0	11/2
x_1	*	*	*	0	1	3/2
z	*	*	*	1/4	1/4	9/2
h	1	1	1	0	0	0

Dieses liefert nicht nur eine zulässige Basislösung sondern gleichzeitig die Optimallösung der betrachteten Aufgabe:

$$x_1^* = \frac{3}{2}\,, \quad x_2^* = 3\,, \quad z_{x^*} = \frac{9}{2}\,.$$

Die beschriebene sogenannte Phase 1 kann durch Modifikation von „simplex.h" implementiert werden.

5.2 Das revidierte Simplexverfahren

Wir wollen eine Version des Simplexverfahrens kennenlernen, die für die rechentechnische Realisierung besonders günstig geeignet ist. Dabei werden nur Informationen mitgeführt und aufdatiert, die für die weitere Rechnung unbedingt erforderlich sind.

5.2.1 Grundlagen des Verfahrens

Das im vorhergehenden Abschnitt beschriebene Simplexverfahren ist rechentechnisch nicht sehr effektiv, da die gesamt Normalform in jedem Schritt neu berechnet wird, obwohl nur die Informationen aus einzelnen Zeilen und Spalten benötigt werden. Das revidierte Simplexverfahren ist entwickelt worden, um diesen Nachteil zu umgehen. Dieses Verfahren ist die Basis für die meisten kommerziellen Softwarepakete.

Es wird von folgendem Problem der linearen Optimierung ausgegangen:

$$\begin{aligned} & z = c^{\mathrm{T}} x = \min! \\ & \text{mit} \\ & Ax = b\,, \quad x \geq 0\,. \end{aligned} \tag{5.8}$$

In Übereinstimmung mit den Definitionen von Abschnitt 3.1. kann die Matrix A in zwei Untermatrizen A_{B} und A_{N} in Zuordnung zu den Basis- und Nichtbasisvariablen zerlegt werden, d. h.:

$$A = (A_{\mathrm{B}}|A_{\mathrm{N}})\,.$$

Dabei ist A_{B} eine nichtsinguläre (m, m)-Matrix. Der Vektor der Variablen kann dann ebenso in den Vektor x_{B} der Basisvariablen und einen Vektor x_{N} der Nichtbasisvariablen zerlegt werden, d. h.:

$$x = (x_{\mathrm{B}}, x_{\mathrm{N}})^{\mathrm{T}}\,.$$

Die Nebenbedingungen in (5.8) können dann umgeschrieben werden:

$$A_{\mathrm{B}} x_{\mathrm{B}} + A_{\mathrm{N}} x_{\mathrm{N}} = b\,. \tag{5.9}$$

Unter der Nutzung von (5.9) können die m Basisvariablen durch die $(n - m)$ Nichtbasisvariablen ausgedrückt werden:

$$x_B = A_B^{-1}b - A_B^{-1}A_N x_N \ . \tag{5.10}$$

Analog zu den obigen Zerlegungen kann auch der Vektor c in (5.8) partitioniert werden:

$$c = (c_B, c_N)^T \ .$$

Für die Zielfunktion gilt dann

$$z = c_B^T x_b + c_N^T x_N \ . \tag{5.11}$$

Unter Verwendung von (5.10) kann die Zielfunktion in Abhängigkeit von den Nichtbasisvariablen dargestellt werden:

$$z = c_B^T \left(A_B^{-1}b - A_B^{-1}A_N x_N\right) + c_N x_N \ ;$$

und nach Umordnen erhält man

$$z = c_B^T A_B^{-1} b - \left(c_B^T A_B^{-1} A_N - c_N^T\right) x_N \ . \tag{5.12}$$

Nach Einsetzen von (5.12) in das Ausgangsproblem (5.8) lautet die ursprüngliche Aufgabenstellung

$$\begin{aligned} &z = c_B^T A_B^{-1} b - \left(c_B^T A_B^{-1} A_N - c_N^T\right) x_N = \text{min!} \\ &\text{bei} \quad x_B = A_B^{-1}b - A_B^{-1}A_N x_N \quad (x = (x_B, x_N \geq 0)) \ . \end{aligned} \tag{5.13}$$

Es ist üblich, die konstanten Terme in (5.10) durch k und die Simplexmultiplikatoren durch π auszudrücken:

$$k = A_B^{-1} b$$

und

$$\pi = c_B T A_B^{-1} \ .$$

Das Problem (5.13) wird dann zu

$$\begin{aligned} &z = c^T k - \left(\pi^T A_N - c_N^T\right) x_N = \text{max!} \\ &\text{bei} \quad x_B = k - A_B^{-1} A_N x_N \ . \end{aligned} \tag{5.14}$$

Der Zeilenvektor $g = (\pi^T A_N - c_N^T)$ wird in der Literatur als Vektor der reduzierten Kosten bezeichnet, da er die Änderung der Zielfunktion in Abhängigkeit von den Nichtbasisvariablen (unabhängigen Variablen) angibt. Diesem Vektor können also wichtige Informationen für eine Sensitivitätsanalyse eines Problems entnommen werden. In Anwendung des Simplexkriteriums und des Simplextheorems kann man für das hier dargestellte Problem folgende Aussage treffen:

Wenn für (5.14) eine zulässige Basislösung existiert mit $x_B = k \geq 0$ und $x_N = 0$, dann besteht die Optimalitätsbedingung darin, dass alle Elemente des Vektors der reduzierten Kosten nichtnegativ sind, d. h. die beiden nachfolgenden Bedingungen müssen erfüllt sein:

- Zulässigkeitsbedingung: $k \geq 0$,
- Optimalitätsbedingung: $g \geq 0$.

Mit diesen Aussagen lassen sich Hinweise für eine Lösungsprozedur ableiten.

1. Ist für ein j

$$g_j < 0 \quad \text{und} \quad R_j = A_{\text{B}}^{-1} A_{\text{N},j} < 0 \,,$$

dann kann die Nichtbasisvariable $x_{\text{N},j}$ so lange wachsen, wie die Basisvariablen zulässig (nichtnegativ) bleiben. Dabei wird mit wachsendem $x_{\text{N},j}$ auch der Wert der Zielfunktion kleiner.

2. Ist für ein j

$$g_j < 0 \quad \text{und für mindestens ein } i \in \{1, \ldots, m\} : (R_{ij}) < 0 \,,$$

dann kann eine neue zulässige Basislösung erhalten werden.

Bei der Vorgehensweise, die vollkommen analog derjenigen des Simplexverfahren ist, ermitteln wir wiederum einen Index s, für den gilt:

$$q_s = \frac{k_s}{| r_{st} |} = \min q_i \,,$$

$$q_i = \left(\frac{k_s}{| r_{it} |} : i = 1, \ldots, m \,, \quad r_{it} < 0 \right) .$$

Durch den Austausch $x_{\text{B},s} \leftrightarrow x_{\text{N},t}$ wird in A_{B} die Spalte $A_{\text{B},s}$ entfernt und durch die Spalte $A_{\text{N},t}$ ersetzt. Bezeichnet $\overline{A}_{\text{B}}$ die sich daraus ergebende Matrix und ist e_s der s-te Einheitsvektor, so gilt:

$$\overline{A}_{\text{B}} = A_{\text{B}} + (A_{\text{N},t} - A_{\text{B}} * e_s) * e_s^{\text{T}} \,.$$

Unter Verwendung der t-ten Spalte von R $R_t = A_{\text{B}}^{-1} A_{\text{N},t}$ lässt sich dies auch in der Form

$$\overline{A}_{\text{B}} = A_{\text{B}} * F \quad \text{mit} \quad F = (e_1, e_2, \ldots e_{s-1}, R_t, e_{s+1}, \ldots, e_m)$$

schreiben. Der Vorteil des revidierten Simplexverfahrens wird nun für uns dadurch sichtbar, dass wir bemerken:

Für die weitere Rechnung sind die Matrix $\overline{A}_{\text{B}}^{-1}$ und der Vektor $\overline{k}$ von Bedeutung. Beide lassen sich gemäß

$$\overline{A}_b^{-1} = F^{-1} A_{\text{B}}^{-1} \quad \text{und} \quad \overline{k} = F^{-1} k$$

mithilfe der Matrix F^{-1} darstellen, deren Gestalt besonders einfach ist:

$$F^{-1} = (e_1, e_2, \ldots, e_{s-1}, \eta_t, e_{s+1}, \ldots, e_m)$$

mit

$$\eta_{ti} = \frac{r_{it}}{r_{st}} \quad (i \neq s)$$

$$\eta_{ts} = \frac{1}{r_{st}} \,.$$

5.2.2
Aufbau des Algorithmus

S0: Eingabe der Daten des linearen Optimierungsproblems (5.8) und Aufbau der entsprechenden Basisdarstellung.

S1: Ermittle eine zulässige Lösung (Phase 1) sowie A_B^{-1} und $k = A_B^{-1} b$.

S2: Berechne

$$\pi = c_B^T A_B^{-1} .$$

S3: Ermittle

$$d = \left(\pi_N^T A_N - c_N^T\right) .$$

Anhand der kleinsten negativen Komponente d_j wird die hinzukommende Nichtbasisvariable ermittelt. Ist keine der Komponenten kleiner als Null, so ist die optimale Lösung $x^* = x^k$ erreicht. Stopp. Ansonsten wird der Index j der kleinsten negativen Komponente g_j gleich t gesetzt, d. h. $j = t$.

S4: Berechne die neueintretende Spalte

$$R_t = A_B^{-1} A_{N,t} .$$

S5: Ermittle diejenige Variable, die die Basis verlässt, aus:

$$q_s = \frac{k_s}{r_{st}} = \min_i \left(\frac{k_i}{r_{it}}\right)$$

Existiert keine derartige Basisvariable, dann ist die Lösung unbeschränkt. Stopp. Ansonsten wird der Index $i = s$ gesetzt.
Es wird die Austauschoperation (Pivotisierung) durchgeführt. Dabei nimmt x_B den Wert Null und x_N den Wert $\frac{k_s}{r_{st}}$ an. Gehe zu S1.

Das C++-Programm „revsim.h“ realisiert diesen Algorithmus.

Beispiel 5.3 Gesucht ist das Minimum der Funktion

$$z = -9x_1 - 10x_2 - 15x_3$$

unter den Nebenbedingungen

$$x_1 + 2x_2 + 5x_3 = 36 ,$$

$$2x_1 + 3x_2 + 3x_3 = 48 ,$$

$$x_1 + x_2 + 2x_3 = 22$$

und $x_1 \geq 0, x_2 \geq 0, x_3 \geq 0$. Der minimale Funktionswert beträgt $z(x^*) = -202$. Lösungspunkt ist $x^* = (18, 4, 0)^T$. Die Lösung wurde nach vier Iterationen erreicht. Das Beispiel wurde unter „C:\optisoft\examples\l5230revsim.cpp" gespeichert.

5.3 Weiterführende Bemerkungen

Das revidierte Simplexverfahren ist die Grundlage für die überwiegende Mehrzahl der Softwarepakete der linearen Optimierung. Es benötigt gegenüber dem regulären Simplexverfahren weitaus weniger Speicherplatz. Das gilt besonders dann, wenn die Zahlen der Variablen gegenüber der Zahl der Nebenbedingungen größer ist. Gewöhnlich ist n zwei- bis dreimal größer als m. Ein weiterer Vorteil ist die geringere Zahl von Multiplikatoren und der damit zurückgehende Einfluss von Rundungsfehlern. Das kommt besonders bei schwachbesetzten Problemen (= geringe Anzahl von Nichtnullelementen in A, b, c) zum Tragen. Erfahrungen besagen, dass praktische Probleme selten über 5 % und meist unter 1 % besetzt sind. Probleme dieser Art werden effektiv mit auf dem revidierten Simplexverfahren beruhenden Methoden oder mit Dekompositionsmethoden der linearen Optimierung gelöst. Aus der Literatur sind Berichte über gelöste Probleme mit bis zu 1.2 Millionen Variablen und 90 000 Nebenbedingungen bekannt. Für solche Probleme und auch alle anderen praktischen Aufgaben der linearen Optimierung haben sich die Problembeschreibung und die Lösungsinterpretation und Modifikation als eigenständige Aufgaben neben der Lösung des Problems der linearen Optimierung aufgrund der zu verarbeitenden großen Datenmenge entwickelt. Eine Aufgabe der linearen Optimierung sei z. B. durch einen Problemanalytiker für energiewirtschaftliche oder volkswirtschaftliche Fragen formuliert. Mithilfe eines Matrixgenerators oder einer Modellierungssprache wird das so erarbeitete Problem dann in den MPS-(Mathematical-Programming-Standard)-file transformiert. Der MPS-file hat sich als Standardeingabe für alle kommerziellen Pakete durchgesetzt und ist eine eindeutige Beschreibung eines linearen Optimierungsproblems. Durch ein vorhandenes LP-Paket wird dann das Problem gelöst. Diese Pakete verfügen meist auch noch über die Möglichkeit der Lösung von linearen ganzzahligen und quadratischen Problemen. Die Lösung eines LP-Problems ist ebenso ein großes Datenfile, welches mit einem Lösungsinterpreter gelesen und analysiert wird. Mithilfe eines Postprozessors können Koeffizienten, Variablen und Grenzen geändert werden, ebenso die Zielfunktion. Dieser Dialog wird fortgeführt, bis das Ausgangsproblem hinreichend untersucht ist. Eine ausführliche Beschreibung einer derartigen Optimierungstechnologie ist in [12] enthalten.

5.4 Das Ellipsoidverfahren

5.4.1 Grundlagen des Verfahrens

Die Leistungsfähigkeit eines Verfahrens der linearen Optimierung wird dadurch bewertet, dass man ermittelt, wie viele arithmetische Operationen maximal erforderlich sind zur Lösung der Aufgabe

$$z = c^T x = \min!$$
$$\text{bei} \quad Ax - b \leq 0 \,, \tag{5.15}$$
$$x \geq 0 \,,$$

wobei x und $c \in R^n$ sowie A eine (m, n)-Matrix und $b \in R^m$ ist. Für das im Abschnitt 5.1 beschriebene Simplexverfahren lassen sich Beispiele angeben, bei denen die Anzahl der Variablen und die Anzahl der Nebenbedingungen exponentiell in diesen Aufwand eingeht. Um die notwendigen Operationen zu reduzieren, schlug Khachyian [13] den Ellipsoid-Algorithmus vor. Dabei wird unter Verwendung des zu (5.15) dualen Problems

$$\begin{aligned} &z = b^T u = \max! \\ &\text{bei} \quad A^T u \leq c \,, \quad u \geq 0 \end{aligned} \tag{5.16}$$

und des schwachen Dualitätssatzes das Ungleichungssystem

$$\begin{aligned} Ax &\leq b \,, \\ -A^T u &\leq -c \,, \\ c^T x - b^T u &\leq 0 \,, \\ -x \leq 0, -u &\leq 0 \end{aligned} \tag{5.17}$$

betrachtet. Weil (5.17) die notwendigen Optimalitätsbedingungen für (5.15) und (5.16) beinhaltet, ergibt sich aus der Lösbarkeit von (5.17) die Lösbarkeit von (5.15) und (5.16) und umgekehrt. Das System (5.17) ist Spezialfall eines allgemeinen Ungleichungssystems

$$Dz \leq r \,, \tag{5.18}$$

wobei D eine (m_1, n_1)-Matrix, r ein m_1-Vektor ist und für (5.18) gilt: $m_1 = (2n + 2m + 1)$, $n_1 = (n + m)$. G bezeichnet die Menge aller Punkte z, welche (5.18) erfüllen:

$$G = \{z : Dz \leq r\} \,. \tag{5.19}$$

Das Ungleichungssystem (5.18) wird beim Khachijan-Algorithmus wie folgt gelöst: Es wird eine Folge von Ellipsoiden E_k konstruiert. Jedes E_k wird dabei durch

$$E_k = \{w \in R^{n1} : w = z^k + b_k z; \|z\| \leq 1\} \tag{5.20}$$

mit der (n, n)-Matrix B_k und dem n-dimensionalen Vektor z^k beschrieben und enthält Punkte, welche (5.18) erfüllen. Liegt der Mittelpunkt z^k von E_k in dem durch (5.19) beschriebenen Bereich, so wird die Rechnung beendet. Im anderen Fall gibt es eine Nebenbedingung

$$d_{i_k}^T \leq r_{i_k}$$

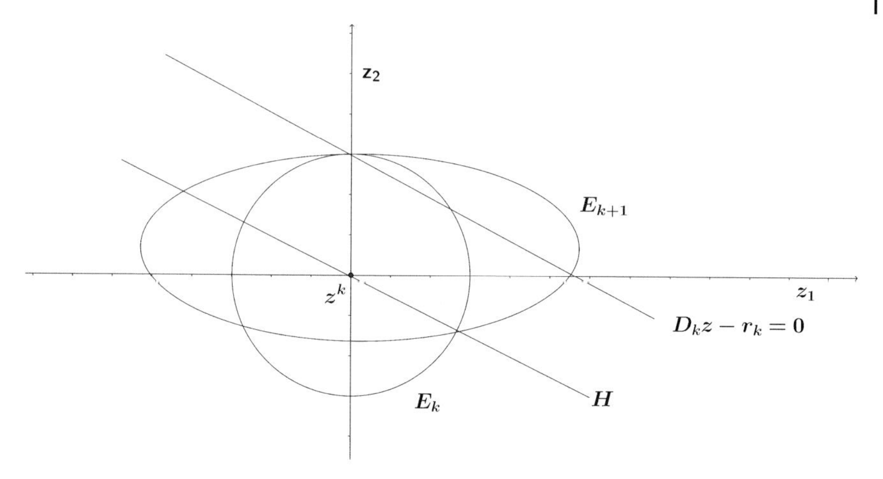

Abb. 5.1 Prinzip des Ellipsoid-Algorithmus. Mit freundlicher Genehmigung des GeoGebra-Instituts Linz unter Verwendung der Software GeoGebra bereitgestellt.

(d_{i_k} – i-te Zeile von D und r_{i_k} die i_k-te Komponente von r), welche durch z^k maximal verletzt wird. Verschiebt man die begrenzende Hyperebene derart, dass der Punkt z^k in ihr liegt, so ergibt sich ein Halbellipsoid, welches Punkte von G enthält. Zu diesem Halbellipsoid kann nun in eindeutiger Weise ein umschließendes Ellipsoid E_{k+l} minimalen Volumens konstruiert werden, welches wiederum durch B_{k+1} und z^{k+1} beschrieben wird (siehe Abb. 5.1).

Den Mittelpunkt z^{k+1} und die Matrix B_{k+1} von E_{k+1} erhält man durch folgende Aufdatierungsformeln:

$$z^{k+1} = z^k - \frac{B_k \eta}{(n+1) \parallel \eta \parallel}$$

und

$$B_{k+1} = \left(1 + \frac{1}{16n_1^2}\right) B_k Q \Lambda Q^{\mathrm{T}} ,$$

wobei $\eta = B_k d_{i_k}$ ein n-dimensionaler Vektor und $\Lambda = \mathrm{diag}(h)$ eine $n \times n$-Matrix mit

$$h = \left(\frac{n}{n+1}, \frac{n}{\sqrt{n^2-1}}, \frac{n}{\sqrt{n^2-1}}, \ldots, \frac{n}{\sqrt{n^2-1}} \right)^{\mathrm{T}} ,$$

sowie Q eine beliebige (n, n)-Orthogonalmatrix mit $\eta/\|\eta\|$ als erster Spalte ist. Zur Konstruktion eines Anfangsellipsoids nutzt man den verifizierbaren Sachverhalt, dass Punkte von G in einer Kugel um den Ursprung mit dem Radius 2^L liegen. Hierbei ist L in Abhängigkeit von den Koeffizienten d_{ij}, $i = 1, \ldots, m_1; j = 1 \ldots, n_1$, den Komponenten r_i, $i = 1 \ldots, m_1$ und den Werten von m_1 und n_1 durch

$$L = \mathrm{int}(K)$$

erklärt, wobei int(K) den ganzzahligen Anteil von K darstellt. Es lässt sich zeigen, dass für endliches K entweder der Mittelpunkt z des Ellipsoids E das Ungleichungssystem (5.18) erfüllt oder die Unlösbarkeit von (5.18) festgestellt werden kann. Allerdings ist das im Allgemeinen nicht mit dem eingangs erwähnten polynomialen Aufwand möglich. Um dies zu sichern, geht man zu dem gegenüber (5.18) gestörten Ungleichungssystem

$$Dz \leq r + 2^{-L}e \tag{5.21}$$

über. Für (5.20) liefert die skizzierte Vorgehensweise bei Verwendung eines Rechners mit Wortlänge L mit polynomialen Aufwand eine Lösung. Zur Veranschaulichung betrachten wir folgendes Beispiel mit einer Nebenbedingung:

Die Ungleichung $-w_l - w_2 \leq -1$ ist durch den Punkt $v^0 = (0,0)^{\mathrm{T}}$ nicht erfüllt. Mit der Matrix

$$B = \begin{pmatrix} 2^L & 0 \\ 0 & 2^L \end{pmatrix}$$

ergibt sich das Ellipsoid $E_0 = \{w : w_{12} + w_{22} \leq 1)$. Dessen Durchschnitt mit dem Halbraum $H = \{w : (-1,-2)(w - (0,0)^{\mathrm{T}})^{\mathrm{T}} \leq 0\}$ wird vom nächsten Ellipsoiden E_{k+1} eingeschlossen.

5.4.2 Aufbau des Algorithmus

S0: Setze $z^0 = 0, B_0 = 2^L I_{n_1}, k = 0$.

S1: Bestimme Θ_k und i_k gemäß

$$\Theta_k = \max$$
$$1 \leq i \leq m_1 \left(d_i^{\mathrm{T}} z^k - r_i\right) = d_{i_k}^{\mathrm{T}} z^k - r_{i_k}$$

S2: Ist $k = n_1^2 L$ so ist das System unlösbar. Stopp.

S3: Ist $\Theta_k \leq 2^{-L}$, so ist z^k Lösung. Stopp.

S4: Berechne

$$\eta_k = B_k d_{i_k}\,,$$
$$\overline{\eta} = \frac{\eta_k}{\|\eta_k\|}\,,$$
$$z^{k+1} = z^k - \frac{1}{n+1} B_k \eta_k\,,$$
$$B_{k+1} = \left(1 + \frac{1}{(16n_1^2)}\right) \frac{n_1}{\sqrt{n_1^2 - 1}} \left(B_k + \left(\frac{n_1 - 1}{n_1 + 1} - 1\right) B_k \overline{\eta}_k \overline{\eta}_k\right)^{\mathrm{T}}$$

S5: Setze $k = k + 1$ und gehe zu S1.

Beispiel 5.4 Gesucht ist die Lösung der linearen Optimierungsaufgabe

$$z = -x_l - x_2 = \min!$$

bei

$$2x_1 - x_2 \leq 1 \quad x_1 \geq 1, x_2 \leq 5 ,$$

Die Zielfunktion z erreicht unter den angegebenen Nebenbedingungen im Punkt $x^* = (1, 1)^T$ den optimalen Wert $z(x^*) = -2$. Die Rechnung wurde nach 97 Iterationen abgebrochen, nachdem die aus dem Optimierungsverfahren resultierenden Ungleichungen um weniger als 10^{-3} verletzt waren. Die erreichte Näherung x^{41} besitzt die Gestalt $x^{41} = (1.0009, 1.000\,326)^T$.

5.5 Weiterführende Bemerkungen

Der Algorithmus von Khachijan hat seit seiner Publikation im Jahre 1979 eine große Anzahl von wissenschaftlichen Veröffentlichungen induziert. Das Hauptaugenmerk war dabei auf die Aussage gerichtet, dass der Algorithmus über der Operationsmenge $(+, -, *, /)$ polynomial im Aufwand ist. Diese bedeutet, dass die maximale Anzahl der notwendigen Operationen zur Lösung der Aufgabe (5.15) durch ein Polynom in n und m nach oben abgeschätzt werden kann. Hierbei setzt man voraus, dass das Radizieren im Rahmen der verwendeten Wortlänge im Rechner exakt und mit polynomialen Aufwand ausgeführt werden kann. Die erwähnte Eigenschaft des Ellipsoid-Algorithmus lässt ihn gegenüber dem Simplexverfahren vorteilhaft erscheinen, weil das Simplexverfahren in seinem Aufwand exponential von m und n abhängt. Das angeführte einfache Beispiel zeigt jedoch die inzwischen in zahlreichen anderen Testbeispielen bestätigte Tendenz: Aus den Komplexitätsvergleichen lassen sich nur schwer Aussagen über das Verhalten von Optimierungsverfahren bei der Behandlung einzelner Beispiele ableiten. Im Kapitel 10 wird auf Innere-Punkt-Verfahren der linearen Optimierung eingegangen.

6
Quadratische Optimierung

Die quadratische Optimierungsaufgabe

$$f(x) = \frac{1}{2}x^{\mathrm{T}}Cx + p^{\mathrm{T}}x + d = \min! \tag{6.1}$$

bei

$$Ax - b \leq 0$$

mit dem Vektor $p \in R^n$, der (n, n)-Matrix C und der reellen Zahl p in der Zielfunktion sowie der (m, n)-Matrix A und dem Vektor $b \in R^m$ ist ein spezielles mathematisches Optimierungsproblem. Für eine positive semidefinite Matrix C ist die Zielfunktion konvex. In diesem Fall besitzt die Aufgabe der quadratischen Optimierung für einen nichtleeren zulässigen Bereich ein globales Minimum. Ist die Matrix C positiv definit, so ist das globale Minimum eindeutig. Liegen ausschließlich Gleichungsnebenbedingungen vor, dann kann das quadratische Optimierungsproblem durch die Behandlung eines linearen Gleichungssystems gelöst werden. Liegen Ungleichungsnebenbedingungen wie in (6.1) vor, gibt es eine Vielfalt von Methoden zur Lösung der quadratischen Optimierungsaufgabe. Hierzu gehören Relaxationsverfahren, Innere-Punkt-Verfahren, Verfahren der aktiven Restriktionen und Abstiegsverfahren. Viele praktischen Probleme der Extremwertbestimmung unter Nebenbedingungen enthalten Aufgaben der quadratischen Optimierung. Darüber hinaus hängt die Effizienz vieler Verfahren zur Lösung nichtlinearer Optimierungsaufgaben von der Leistungsfähigkeit der Solver des quadratischen Teilproblems ab. In diesem Kapitel betrachten wir die Relaxationsmethode von Hildreth und D'Esopo [14] sowie die Methode der aktiven Restriktionen, welche durch Fletcher [15] beschrieben wurde. Die weiterführenden Bemerkungen dazu enthalten Hinweise zum Verfahren der aktiven Restriktionen von Goldfarb und Idnani [16]. Dessen Herleitung und Implementierung würde den Rahmen des Buches sprengen.

Optimierung in C++, 1. Auflage. Claus Richter.

6.1 Das Relaxationsverfahren

6.1.1 Grundlagen des Verfahrens

Zur Lösung der quadratischen Optimierungsaufgabe (6.1) lässt sich das Relaxationsverfahren von Gauß-Seidel zur Lösung linearer Gleichungssysteme in modifizierter Form anwenden. Diese von Hildreth und d'Esopo beschriebene Vorgehensweise geht von der zu (6.1) dualen Aufgabe aus. Zu deren Konstruktion betrachtet man die zum Problem (6.1) gehörende Lagrange-Funktion

$$L(x,u) = \frac{1}{2}x^{\mathrm{T}}Cx + p^{\mathrm{T}}x + d + u^{\mathrm{T}}(Ax - b)\,. \tag{6.2}$$

Aus der notwendigen Bedingung für die Existenz des Minimums

$$L_x = Cx + p + A^{\mathrm{T}}u = 0$$

folgt mit

$$\begin{aligned} a &= -C^{-1} \\ x &= -C^{-l}(p + A^{\mathrm{T}}u) = a - C^{-1}A^{\mathrm{T}}u\,. \end{aligned} \tag{6.3}$$

Setzt man (6.5) in (6.2) ein, ergibt sich mit

$$h = -AC^{-1}p - b = Aa - b$$

und

$$G = AC^{-1}A^{\mathrm{T}}$$

das duale Problem

$$\phi(u) = h^{\mathrm{T}}u - u^{\mathrm{T}}Gu + p^{\mathrm{T}}C^{-1}p + d = \min! \quad \text{bei} \quad u \geq 0\,. \tag{6.4}$$

Es gilt nun folgende Aussage:
x^* löst (6.1) genau dann, wenn x^* gemäß (6.3) mit $u = u^*$ gewählt wird, wobei u^* die Lösung von (6.4) darstellt.

Damit genügt es, eine Lösung u^* des dualen Problems zu bestimmen, um mittels (6.3) auch die Lösung des primalen Problems zu erhalten.

6.1.2 Aufbau des Algorithmus

S0: Wähle $u^0 \in R_+^m$ und $\epsilon > 0$. Setze $k = 0$.

Sl: Bestimme für $i = 1, \ldots, m$ w_i^k und u_i^{k+1} durch die Vorschrift

$$\begin{aligned} w_i^k &= -\frac{1}{g_{ii}}\left(\sum_{j=1}^{i-1} g_{ij}u_j^{k+1} + \sum_{j=i+1}^{m} g_{ij}u_j^k + \frac{h_i}{2}\right), \\ u_i^{k+1} &= \max\left(0, w_i^k\right) \end{aligned}$$

S2: Falls $\|u^k - u^{k+1}\| \le \epsilon$ gehe zu S4.
S3: Setze $k = k + 1$, gehe zu S1.
S4: Berechne

$$x^{k+1} = -C^{-1}(p + A^{\mathrm{T}} u^{k+1}) . \tag{6.5}$$

$x^* = x^{k+1}$ ist Lösung. Stopp.

Das C++-Programm „hildreth.h" realisiert diesen Algorithmus.

Beispiel 6.1 Gesucht ist die Lösung der quadratischen Optimierungsaufgabe

$$f(x) = 2x_1^2 + x_2^2 - 48x_1 - 40x_2 = \min!$$

bei

$$\begin{aligned} x_1 + x_2 &\le 8 , \\ x_1 &\le 6 , \\ x_1 + 3x_2 &\le 18 , \\ -x_1 &\le 0 , \\ -x_2 &\le 0 . \end{aligned}$$

Als Startnäherung für den Kuhn-Tucker-Punkt

$$z^* = (x^*, u^*)^{\mathrm{T}} = (4, 4, 32, 0, 0, 0, 0)^{\mathrm{T}}$$

wurde $z^0 = (4, 0, 0, 0, 0, 0, 0)^{\mathrm{T}}$ eingegeben. Nach 8 Iterationen wurde die vorgegebene Genauigkeit $\epsilon = 10^{-5}$ erreicht, d. h. $\|u^5 - u^6\| \le \epsilon$. In diesem Fall wurde die exakte Lösung erreicht und der optimale Zielfunktionswert beträgt $f(x^*) = -304$. Das Beispiel wurde unter „C:\optisoft\examples\q6130hildreth.cpp" gespeichert.

Beispiel 6.2 Voll besetzte Matrix *C* – Beispiel aus Goldfarb und Idnani [16] Gesucht ist die Lösung der quadratischen Optimierungsaufgabe

$$\begin{aligned} f(x) = 2x_1^2 + 2x_2^2 - 2x_1x_2 + 6x_1 &= \min! \\ -x_1 - x_2 &\le -2 , \\ x_1 + 3x_2 &\le 18 , \\ -x_1 &\le 0 , \\ -x_2 &\le 0 . \end{aligned}$$

Als Startnäherung für den Kuhn-Tucker-Punkt $z^* = (x^*, u^*)^{\mathrm{T}} = (0.5, 1.5, 5, 0, 0)^{\mathrm{T}}$ wurde $z^0 = (0, 0, 1, 1, 1)^{\mathrm{T}}$ eingegeben. Nach 4 Iterationen wurde die vorgegebene Genauigkeit $\epsilon = 10^{-5}$ erreicht, d. h. $\|u^5 - u^6\| \le 10^{-5}$. In diesem Fall wurde die exakte Lösung erreicht und der optimale Zielfunktionswert beträgt $f(x^*) = 8$. Das Beispiel wurde unter „C:\optisoft\examples\q6140hildreth.cpp"

6.1.3
Weiterführende Bemerkungen

Die Relaxationsmethode von Hildreth und d'Esopo stellt eine Modifikation des Verfahrens von Gauß-Seidel dar. Hauptproblem stellt die Dualisierung der Aufgabe (6.1) in die Aufgabe (6.4) dar. Die hierbei erforderliche einmalige Inversion der Matrix C lässt Aufgaben mit Diagonalmatrix C für die Behandlung mit dem Verfahren von Hildreth und d'Esopo besonders geeignet erscheinen (Beispiel 6.1). Aber auch für voll besetzte Matrizen ist der entstehende numerische Aufwand vertretbar. In praktischen Experimenten hat es sich als zweckmäßig erwiesen, $u^0 = (0, \dots, 0)^T$ zu wählen, da gewisse Komponenten von u^* im Allgemeinen den Wert Null besitzen.

6.2
Methode der aktiven Restriktionen von Fletcher

6.2.1
Grundlagen des Verfahrens

Die Fletcher-Methode [15] der aktiven Restriktionen behandelt das quadratische Optimierungsproblem

$$f(x) = \frac{1}{2}x^T Cx + p^T x = \min! \quad \text{bei} \quad Ax - b \leq 0 \tag{6.6}$$

mit einer positiven definiten Matrix C. Sie ist eine Kombination der Lösung einer quadratischen Optimierungsaufgabe mit Gleichungsrestriktionen mit einer Strategie der aktiven Restriktionen.

Im k-ten-Schritt der Iteration wird für den Iterationspunkt x^k die Indexmenge

$$I_k = \{i \in \{1, \dots, m\} : g_i(x^k) = A_i x^k - b_i = 0\} \tag{6.7}$$

der Menge der aktiven Restriktionen bestimmt und die quadratische Optimierungsaufgabe

$$P_k : f(s) = \frac{1}{2}s^T Cs + p^T s = \min! \quad \text{bei} \quad g_i(x) = A_i^T s = 0 \quad (i \in I_k) \tag{6.8}$$

gelöst. Hierzu betrachtet man die Karush-Kuhn-Tucker-Bedingung der Aufgabe (6.8):
Ist s^k Lösung von (6.8), dann existiert ein u^k, dass $(s^k, u^k)^T$ Lösung des Gleichungssystems

$$\begin{aligned} Cs + A_k u &= -p^k \\ A_k s &= 0 \end{aligned} \tag{6.9}$$

ist. Hierbei bedeutet $p^k = p + Cx^k$ und A_k ist die Matrix, die aus den Zeilen a_i^k, $i \in I_k$ der Matrix A besteht.

In $(s^k u^k)^T$ können die folgenden Situationen auftreten:

1. Für die Lösung s^k gilt $s^k = 0$ und die dualen Variablen u_i^k $(i \in I_k)$ sind nichtnegativ. In diesem Fall ist x^k eine Lösung (6.6). Die Rechnung ist beendet.
2. Für die Lösung s^k gilt $s^k = 0$ und die Werte gewisser dualer Variablen u_i^k $(i \in I_k)$ sind negativ. Die zu diesen Indizes gehörenden Nebenbedingungen sind nicht aktiv. Die Indexmenge I_k muss geändert werden.
3. Für die Lösung s^k gilt $s^k \neq 0$. Im Punkt $x^k + s^k$ sind alle Nebenbedingungen der Aufgabe (6.6) erfüllt: $x^{k+1} = x^k + s^k$.
4. Für die Lösung s^k gilt $s^k \neq 0$. Im Punkt $x^k + s^k$ sind einige Nebenbedingungen der Aufgabe (6.6) verletzt. Die Indexmenge I_k muss geändert werden. Es ist ein möglichst großes α_k zu bestimmen mit $x^{k+1} = x^k + \alpha_k s^k \in G$.

6.2.2 Der Algorithmus

S0: Wähle einen Punkt x^0 mit $Ax^0 - b \leq 0$ und eine Abbruchschranke $\epsilon > 0$. Setze $k = 0$.
S1: Bestimme I_k gemäß (6.8).
S2: Berechne $(s^k, u_i^k(i \in I^k))$. Setze $u_i^k = 0(i \notin I_k)$.
S3: Wenn $\|s^k\| > \epsilon$ ist, gehe zu S7.
S4: Bestimme eine Zahl μ_k und einen Index q_k gemäß

$$\mu_k = \min_{i \in I_k} \quad u_i^k = u_{q_k}^k \tag{6.10}$$

S5: Falls $\mu_k \geq 0$ setze $x^* = x^k$. Stopp.
S6: Setze $I_{k+1} = I_k \cup \{q_k\}$,
S7: Bestimme eine Zahl β_k und einen Index p_k gemäß

$$\beta_k = \min_{i \in I_k,\, a_i s^k > 0} \frac{-\left(a_i x^k - b_i\right)}{a_i s^k} = \frac{-\left(x_{p_k}^k - b_{p_k}\right)}{s_{p_k}^k} \tag{6.11}$$

S8: Bestimme $\alpha_k = \min(1, \beta_k)$ und setze

$$x^{k+1} = x^k + \alpha_k s^k \ .$$

S9: Setze $k = k + 1$ und gehe zu S2.

Beispiel 6.3 Gesucht wird die Lösung des in Abschnitt 6.1 betrachteten quadratischen Optimierungsproblems q6130.
Im Optimalpunkt $x^* = (4, 4)^T$ hat die Zielfunktion den Wert $f(x^*) = -304$.
Die Rechnung wurde im Punkt $x^0 = (4, 0)$ gestartet. Nach 4 Iterationen wurde die genaue Lösung erreicht und der optimale Wert der Zielfunktion beträgt $f(x^*) = -304$. Das Beispiel wurde unter „C:\optisoft\examples\q6130fletcher.cpp" gespeichert.

Beispiel 6.4 Gesucht wird die Lösung des in Abschnitt 6.1 betrachteten quadratischen Optimierungsproblems q6140. Mit einer Abbruchgenauigkeit $\epsilon = 0.0001$ und dem Startpunkt $xs^{\mathrm{T}} = (3.5, 1.5)^{\mathrm{T}}$ erreicht. Der optimale Funktionswert beträgt $f(x^*) = 6.5$. Das Beispiel wurde unter „C:\optisoft\examples\q6140fletcher.cpp“ gespeichert.

6.2.3
Weiterführende Bemerkungen

Aktive-Restriktionen-Strategien, haben in den letzten Jahren für linear restringierte Probleme sehr starke Beachtung gefunden. Neben dem Algorithmus von Fletcher gilt dies auch für das Verfahren von Goldfarb und Idnani. Darin wird die Fortschreitungsrichtung nicht aus der Lösung eines reduzierten Gleichungssystems, sondern im Ergebnis einer Folge komplexer algebraischer Operationen – u. a. mithilfe der Givens-Rotation – ermittelt. Der Modifikation des Goldfarb-Idnani-Algorithmus zur Lösung einer breiten Klasse von quadratischen Optimierungsproblemen und deren Implementierung sind zahlreiche Untersuchungen gewidmet. Insbesondere sei auf die Arbeit von Schittkowski [17] verwiesen. Die Komplexität der Herleitung, der Beschreibung und der Implementierung würde über den Rahmen des Buches hinausgehen.

In der Literatur wird für allgemeine nichtlineare Probleme mit linearen Restriktionen immer wieder an den dargestellten quadratischen Fall angeknüpft. Damit zusammenhängende Probleme findet man in übersichtlicher Form bei Fletcher [15] sowie bei Gill und Murray [18]. Für den quadratischen Fall wird im erstgenannten Buch insbesondere auf die Behandlung von Problemen mit positiv semidefiniter Matrix C und auf das Vorliegen von Schrankennebenbedingungen eingegangen.

7
Unbeschränkte nichtlineare Optimierung

Die Situation auf dem Gebiet der nichtlinearen Optimierung hat sich sowohl hinsichtlich der theoretischen Durchdringung als auch der Entwicklung universell anwendbarer Software in den letzten Jahrzehnten stark verbessert. Eine umfassende Übersicht zu Verfahren der nichtlinearen Optimierung unter besonderer Berücksichtigung von Implementierungsproblemen ist in [7] gegeben.

Wir stellen hier die Verfahren für unbeschränkte Probleme in zwei Klassen unterteilt dar.

Verfahren der direkten Suche

Verfahren dieser Klasse sind besonders zur Lösung von praktischen Optimierungsproblemen geeignet, für die keine Stetigkeits- oder Differenzierbarkeitsannahmen getroffen werden können, und/oder für Probleme, bei denen die Berechnung von Ableitungen analytisch oder numerisch schwer oder nicht durchführbar ist. Sollten jedoch Gradienten analytisch zur Verfügung stehen oder mit vertretbarem numerischen Aufwand näherungsweise berechenbar sein, so sind die ableitungsbehafteten Verfahren vorzuziehen. Folgende Verfahren der direkten Suche werden betrachtet:

- das Verfahren der stochastischen Suche,
- das Verfahren der koordinatenweisen Suche,
- das einfache Polytopverfahren.

Ableitungsbehaftete Verfahren

Verfahren und Software für die Lösung von unbeschränkten nichtlinearen Optimierungsproblemen, für die Stetigkeits- und Differenzierbarkeitsannahmen gelten, sind intensiv untersucht worden und es konnten effektive Verfahren entwickelt werden. Stehen zweite Ableitungen oder deren Approximationen zur Verfügung, so führt das zur Klasse der sogenannten Verfahren vom Newton-Typ. Hat man nur erste Ableitungen oder deren numerische Approximation, so haben sich die Quasi-Newton-Verfahren als am effektivsten erwiesen.

Folgende ableitungsbehaftete Verfahren werden betrachtet:

- das Verfahren des steilsten Abstiegs,
- das Verfahren der konjugierten Gradienten,

Optimierung in C++, 1. Auflage. Claus Richter.

- das Newton-Verfahren,
- das Newton-Verfahren mit konsistenter Approximation der Hesse-Matrix,
- das Verfahren der variablen Metrik.

7.1 Das Verfahren der stochastischen Suche

7.1.1 Grundlagen des Verfahrens

Es wird von der Aufgabe ausgegangen, dass das Minimum einer Funktion f von n Veränderlichen $x_1, \ldots, x_n$ gesucht ist:

$$f(x) = \min! \quad \text{bei} \quad x \in R^n \tag{7.1}$$

Zur Lösung dieser Aufgabe wird ein Verfahren aus der großen Klasse der Zufallssuchverfahren vorgestellt. Die Grundidee dieser Verfahren besteht darin, dass nur die Zielfunktionswerte für zufällig ausgewählte Punkte im R^n miteinander verglichen werden, um das Minimum zu lokalisieren. Die einzelnen Verfahren unterscheiden sich dann darin, wie diese zufällige Wahl erfolgt. Allgemein gilt, dass von einem beliebigen Startpunkt ausgegangen wird, dessen Zielfunktionswert schon berechnet worden ist, ein Schritt mit einer vorgegebenen Schrittweite in eine zufällig gewählte Richtung ausgeführt und der Zielfunktionswert in der neu berechneten Iterierten bestimmt wird. Ist der neu berechnete Zielfunktionswert besser als der des Ausgangspunktes, so wird der Schritt als erfolgreich bezeichnet, und der neu gewonnene Punkt wird zum Ausgangspunkt für die weitere Suche, die dann wieder in einem neuen Schritt in eine zufällig gewählte Richtung fortgesetzt wird. War der Schritt nicht erfolgreich, so wird der Punkt verworfen, eine andere zufällige Richtung berechnet und damit ein neuer Punkt bestimmt. Dieses Vorgehen wird so lange fortgesetzt, bis l Probeschritte von einem Punkt aus nicht erfolgreich sind. Meist wird l der Dimension n des zu lösenden Problems gleichgesetzt oder größer gewählt.

7.1.2 Aufbau des Algorithmus

S0: Vorgabe eines Startpunktes x^0, der Schrittweite und der maximalen Zahl von Probeschritten l (Anzahl der Zielfunktionsberechnungen), Ermittle $f(x^0)$ und setze $k = 0$ sowie $x_b = x^0$.

S1: Berechne einen Vektor $\xi \in R^n$, dessen Komponenten im Intervall $[-1, 1]$ gleichverteilte Zufallszahlen sind. Setze $x^k = x_b + h\xi$.

S2: Berechne $f(x^k)$. Ist $f(x^k) < f(x_b)$, setze $x_b = x^k$.

S3: Setze $k = k + 1$.
Für $k > l$ ist x_b die Lösung. Sonst gehe zu S1.

Die C++-Headerdatei „stoch.h" beinhaltet eine Realisierung dieses Algorithmus.

Beispiel 7.1 Es ist die folgende Funktion zu minimieren:

$$f(x) = x_1^4 - 2x_1^3 + x_2^2 + x_1^2 x_2 - 4x_1 x_2 + 3 \,. \tag{7.2}$$

Mit dem Startpunkt $x^0 = (3, 4)^{\mathrm{T}}$, der Schrittweite $h = 1.0$ und 1 Probeschritten $l = 200$ erhält man nach 11 Schritten die Lösung,

$$x^* = (0.169\,91, 1.936\,89)^{\mathrm{T}}$$

Der Funktionswert beträgt $f(x^*) = -2.333\,33$.
Das Beispiel wurde unter „C:\optisoft\examples\7130stoch.cpp" gespeichert.

7.1.3 Weiterführende Bemerkungen

Zu dem beschriebenen Algorithmus gibt es eine Vielzahl von Modifikationen und Erweiterungen zur Verbesserung des Verfahrens. Das soll an zwei Beispielen verdeutlicht werden:

- Die Einführung einer variablen Schrittweite h_k ist eine Möglichkeit zur Beschleunigung des Verfahrens. Zum Beginn der Optimierung, also wenn sich der Ausgangspunkt mit hoher Wahrscheinlichkeit in größerer Entfernung vom Optimum befindet, wählt man die Schrittweite h_k relativ groß. Anschließend wird sie verringert, z. B. halbiert. Danach wird die Suche mit der kleineren Schrittweite fortgesetzt. Der Abbruch erfolgt bei diesem Vorgehen, wenn eine vorgegebene, minimale Schrittweite unterschritten worden ist.
- Eine zweite Modifikation besteht darin, dass nach einem nicht erfolgreichen Schritt nicht sofort eine neue zufällige Richtung bestimmt wird, sondern dass ein Schritt in die entgegengesetzte Richtung vollzogen wird, d. h. $x^k = x_b - hg$. Sollte der Schritt in die entgegengesetzte Richtung nicht erfolgreich sein, so wird ein neuer Zufallsvektor berechnet und der neue Probepunkt wieder nach der Gleichung $x^k = x_b + hg$ berechnet.

Beide Modifikationen lassen sich auch kombinieren. Stochastische Suchverfahren werden ob ihrer Einfachheit und Robustheit bei ingenieurtechnischen Optimierungsproblemen häufig verwendet, besonders auch in der Version für beschränkte Probleme (s. Kapitel 8).

7.2 Das Verfahren der koordinatenweisen Suche

7.2.1 Grundlagen des Verfahrens

Das Verfahren der koordinatenweisen Suche (Hooke und Jeeves [20]) stellt eine Verbesserung einer einfachen koordinatenweisen Suche (Gauß-Seidel) dar. Diese Verbesserung besteht darin, dass sich zwei Suchetappen abwechseln. In der ersten Etappe, der sogenannten „Suchbewegung“ (exploratory move), wird ähnlich wie bei der koordinatenweisen Suche die Umgebung des Suchpunktes in allen Koordinatenrichtungen mit fester Schrittweite abgesucht.

Es sind ein Startpunkt x^0 und Anfangsschrittweiten δx für alle Koordinatenrichtungen vorzugeben sowie die Zielfunktion im Startpunkt zu berechnen. In der ersten Etappe der „Suchbewegung“ wird dann jede Variable um die Schrittweite verändert. So ergibt sich z. B. der neue Suchpunkt in der ersten Koordinatenrichtung zu $x_1^1 = x_1^0 + \delta x_1^0$. Sollte der Wert der Zielfunktion im Punkt x_1^1 keine Verbesserung gegenüber dem Startpunkt erbringen, so wird in der Richtung $-\delta x_i^0$ gesucht. Tritt auch dabei keine Verbesserung ein, wird der Punkt x_1^0 für den nächsten Schritt abgespeichert. Die gleiche Prozedur wird dann in allen Koordinatenrichtungen durchgeführt, und damit ist dann die „Suchbewegung“ beendet. In der zweiten Etappe der „Vorstoßbewegung“ (pattern move) wird ein Schritt in der bisher erfolgreichsten Richtung der ersten Etappe getan. Danach schließt sich eine „Vorstoßbewegung“ an. Sie besteht darin, dass in die Richtung fortgeschritten wird, die sich aus den erfolgreichen Schritten der vorhergehenden Etappen ergibt. Die „Vorstoßbewegungen “ werden durchgeführt, solange sich die Zielfunktion verbessert. Nach jeder „Vorstoßbewegung“ wird die Zielfunktion lokal mit der „Suchbewegung“ untersucht. Treten keine Verbesserungen mehr ein, werden die Schrittweiten bis zur Erfüllung eines Abbruchkriteriums verkleinert.

Die Effektivität dieses Verfahrens nimmt ab, wenn gemischte Glieder der Optimierungsvariablen in der Zielfunktion auftreten. Das Hooke-Jeves-Verfahren besteht aus folgenden Operationen.

7.2.2 Aufbau des Algorithmus

S0: Vorgabe eines Startpunktes x^0, einer Anfangsschrittweite h_0, eines Faktors $q < 1$ zur Schrittweitenreduzierung $(0.1 < q < 0.95)$ und der Abbruchschranke $\epsilon > 0$. Setze $k = 0$, $j = 0$.

S1: Setze $i = j + 1$. Wenn $j > n$, gehe zu S4, sonst setze

$$x^{k+1} = x^k + h_k e_j \,. \tag{7.3}$$

S2: Wenn $f(x^{k+1}) < f(x^k)$, so gehe zu S3. Setze

$$x^{k+1} = x^k - h_k e_j \tag{7.4}$$

und gehe zu S1.

S3: Setze $x_j^{k+1} = x_j^k$ und gehe zu S1.

S4: Wenn $x^{k+1} \neq x^k$, gehe zu S5. Im anderen Fall setze $h_{k+1} = h_k/10$. Falls $h_{k+1} < \epsilon$, ist x^{k+1} die Lösung. Stopp. Im anderen Fall setze $k = k + 1$ und gehe zu S1.

S5: Setze $x^k = x^k + 2(x^{k+l} - x^k)$ und $j = 0$. Gehe zu S1.

Die C++-Headerdatei „kos.h" beinhaltet eine Realisierung dieses Algorithmus.

Beispiel 7.2 Es wird das gleiche Problem wie in Abschnitt 7.1.2 verwendet. Die folgende Zielfunktion ist zu minimieren,

$$f(x) = x_1^4 - 2x_1^3 + x_2^2 + x_1^2 x_2 - 4x_1 x_2 + 3 \,. \tag{7.5}$$

Mit dem Startpunkt $x^0 = (3, 4)^T$, der Schrittweite $h_0 = 1$ und der Abbruchschranke $\epsilon = 10^{-5}$ und dem Faktor $q = 0.5$ zur Schrittweitenreduzierung erhält man nach 31 Zielfunktionswertberechnungen die Lösung $x^{31} = (1.633, 1.932\,65)^T$. Der Funktionswert beträgt $f(x^{31}) = -2.333\,33$.
Das Beispiel wurde unter „C:\optisoft\examples\u7130kos.cpp" gespeichert.

7.3 Das einfache Polytopverfahren

7.3.1 Grundlagen des Verfahrens

Dieses Verfahren gehört zu den ableitungsfreien Verfahren der deterministischen Suche, mit deren Hilfe folgende Probleme gelöst werden:

$$f(x) = \min! \quad \text{bei} \quad x \in R^n \,. \tag{7.6}$$

Die Idee wurde erstmals von Nelder und Mead [21] vorgeschlagen. Es wird von einem konvexen Vieleck (Simplex) ausgegangen. Dieses Simplex besitze bei einem n-dimensionalen Raum genau $n + 1$ Ecken. Die Zielfunktionswerte an den Eckpunkten seien bekannt. Zur sukzessiven Annäherung an das Optimum wird nun die Eigenschaft des Simplexes ausgenutzt, dass sich auf der Gegenseite eines Eckpunktes nur eine Fläche befindet, auf der ein neues Simplex aufgebaut werden kann, dabei bleiben n Eckpunkte erhalten, und nur ein Eckpunkt unterscheidet den neuen vom vorangegangenen Simplex. Der Aufbau eines neuen Simplex erfolgt nun wie folgt:
Es wird der Eckpunkt herausgesucht, der den größten Zielfunktionswert besitzt. Dieser Punkt wird am Schwerpunkt seiner Gegenfläche reflektiert. Damit ist erst einmal ein neues Simplexes entstanden. Nun wird der Zielfunktionswert in diesem Spiegelpunkt berechnet. Ist dieser kleiner als der zweitgrößte Zielfunktionswert an den Eckpunkten der Gegenfläche, wird wieder von vorn begonnen.

Ist dies nicht der Fall, erfolgt die Kontraktion, d. h. die Größe des Simplexes wird verringert, indem die Strecke zwischen dem neu ermittelten Punkt und dem Schwerpunkt verkürzt wird (z. B. auf die Hälfte), wobei aber die Suchrichtungen erhalten bleiben.

An diesem Punkt werden nun wiederum der Zielfunktionswert berechnet und die oben genannten Bedingungen überprüft.

Ist dieser Schritt wiederum nicht erfolgreich, so wird der neu erhaltene Punkt wieder an dem Schwerpunkt der Gegenfläche gespiegelt.

Wenn dieser Schritt ebenfalls nicht erfolgreich sein sollte, dann werden die Koordinaten aller Punkte mit Koordinaten desjenigen Eckpunktes gemittelt, der den kleinsten Zielfunktionswert besitzt, sodass alle Kanten des Simplexes verkürzt wurden und so ein neues Ausgangssimplex entstanden ist. Wenn der Zielfunktionswert des Eckpunktes, der durch Reflexion um den Schwerpunkt entstanden ist, kleiner als der kleinste Zielfunktionswert der anderen Eckpunkte ist, so kann man vermuten, dass diese Richtung sehr erfolgreich ist, und es erfolgt die Expansion, d. h. die Strecke zwischen dem Schwerpunkt und dem neuen Punkt wird vergrößert, wobei ebenfalls die Richtung beibehalten wird. Der Abbruch des Verfahrens erfolgt, wenn der Simplex hinreichend klein geworden ist. In Abb. 7.1 ist das entsprechende Vorgehen erläutert.

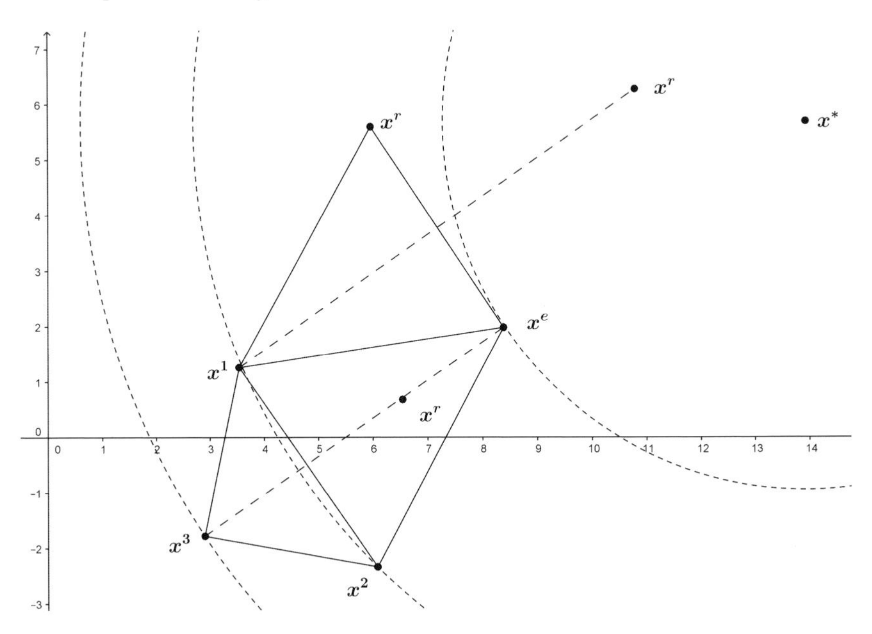

Abb. 7.1 Prinzip des Polytopalgorithmus. Mit freundlicher Genehmigung des GeoGebra-Instituts Linz unter Verwendung der Software GeoGebra bereitgestellt.

7.3.2 Aufbau des Algorithmus

S0: Vorgabe eines Startpunktes x_l, der Schrittweite h, der Abbruchschranke $\epsilon > 0$, des Reflexionskoeffizienten α, des Kontraktionskoeffizienten β und des Expansionskoeffizienten γ. Setze $x^{j+1} = x^1 + he_j \; j = 1, \ldots, n$.

S1: Ordne die Punkte des Simplexes so, dass gilt:

$$f(x^1) \leq f(x^2) \leq \ldots \leq f(x^n) \leq f(x^{n+1}) . \tag{7.7}$$

S2: Berechne den Schwerpunkt aller Punkte ohne denjenigen mit dem größten Funktionswert:

$$x^s = \frac{1}{n} \sum_{j=1}^{n} x^j \tag{7.8}$$

S3: Reflexion des Punktes mit dem größten Funktionswert am Schwerpunkt:

$$x^r = x^s + \alpha(x^s - x^{n+l}) . \tag{7.9}$$

Wenn $f(x^r) \leq f(x^1)$, gehe zu S6.
Wenn $f(x^1) < f(x^r) < f(x^{n+1})$, setze $x^{n+1} = x^r$ und gehe zu S7.
Wenn $f(x^r) \geq f(x^{n+1})$, ermittle den inneren kontrahierten Punkt nach

$$x^c = x^s + \beta(x^{n+1} - x^s) , \tag{7.10}$$

und gehe zu S4. Sonst ermittle den äußeren kontrahierten Punkt:

$$x^c = x^s + \beta(x^r - x^s) . \tag{7.11}$$

S4: Falls $f(x^c) < f(x^{n+1})$, setze x^{n+1} und gehe zu S7.

S5: Der gesamte Simplex wird um den bisher besten Wert kontrahiert:

$$x^i = \frac{(x^1 + x^i)}{2} \qquad i = 2, 3, \ldots, n + 1 . \tag{7.12}$$

Bestimme $f(x^i)$, $i = 2, 3, \ldots, n + 1$ und gehe zu S1.

S6: Im Expansionsschritt berechne

$$x^e = x^s + \gamma(x^r - x^s) . \tag{7.13}$$

Ist $f(x^e) < f(x^r)$, setze $x^{n+1} = x^e$ und gehe zu S7.
Sonst setze $x^{n+1} = x^r$.

S7: Gilt

$$\frac{1}{n+1} \sum_{i=1}^{n+1} \left(f(x^i) - \frac{1}{n+1} \sum_{i}^{n+1} f(x^i) \right)^2 < \epsilon \tag{7.14}$$

so ist x^l Lösung. Stopp. Im anderen Fall gehe zu S1.

Die C++-Headerdatei „polytop.h" beinhaltet eine Realisierung diesen Algorithmus.

Beispiel 7.3 Als Testbeispiel wurde wiederum die Aufgabe aus Abschnitt 7.1 gewählt. Es ist folgende Zielfunktion zu minimieren,

$$f(x) = x_1^4 - 2x_1^3 + x_2^2 + x_1^2 x_2 - 4x_1 x_2 + 3 \; . \tag{7.15}$$

Mit dem Startpunkt $x^1 = (2, 5)^\mathrm{T}$, der Schrittweite $h = 1.0$, und der Abbruchschranke $\epsilon = 10^{-8}$ erhält man nach 11 Zielfunktionswertberechnungen die Lösung

$$x^1 = (1.620\,92, 1.964\,69)^\mathrm{T} \; . \tag{7.16}$$

Der Funktionswert beträgt $f(x^l) = -2.330\,84$.
Das Beispiel wurde unter „C:\optisoft\examples\u7130polytop.cpp“ gespeichert.

7.3.3
Weiterführende Bemerkungen

Die dargestellten angeführten Verfahren der direkten Suche mit Vergleich der Zielfunktionswerte gelten als anwendbar für Probleme mit nichtstetigen und nicht differenzierbaren Zielfunktionen. Sie sind einfach zu implementieren und haben sich, zugeschnitten auf spezifische Anwendungen, bewährt. Ihr Nachteil ist, dass man in der Regel keine Aussagen über das Konvergenzverhalten machen kann. Auch sinkt die Effektivität bei steigender Dimension des Problems.

Um eine vergleichende Wertung zu ermöglichen, wurde als Testbeispiel für alle drei Verfahren der direkten Suche das gleiche Minimierungsproblem gelöst. Es wurde in allen Fällen der gleiche Startpunkt verwendet. Ebenso wurde die Schrittweite überall gleich gewählt, obwohl deren Bedeutung unterschiedlich ist. Die Abbruchschranke ist für jedes Verfahren unterschiedlich und nicht direkt vergleichbar. So wird beim Zufallssuchverfahren der Abbruch über die maximale Anzahl von Probeschritten gesteuert, bei der koordinatenweisen Suche über die Größe der Schrittweite und beim Polytopverfahren über die Größe des Simplexes. Für diese in ihrer numerischen Realisierung einfachen Optimierungsverfahren ist es berechtigt, die Anzahl der Zielfunktionswertberechnungen als Effektivitätsmaß zu verwenden. Das „blinde“ Zufallssuchverfahren lokalisiert mit 200 Berechnungen das Minimum hinreichend. Es wird ein Funktionswert von $f(x) = -1.490\,51$ erreicht. Selbstverständlich fallen Verbesserungsmöglichkeiten wie Verkleinerung der Schrittweite bei Annäherung an das Minimum und Veränderung der Verteilungsfunktion im Verlaufe der Suche ins Auge. Am günstigsten schneidet das Polytopverfahren ab, das mit 53 Zielfunktionswertberechnungen das Minimum recht genau bestimmt. Zusammenfassend sei noch einmal betont, dass die Verfahren hier vorrangig deshalb aufgeführt wurden, um den Einstieg in die direkten Suchverfahren der beschränkten nichtlinearen Optimierung (s. Abschnitt 8.1) vorzubereiten.

7.4 Das Verfahren des steilsten Abstiegs

7.4.1 Grundlagen des Verfahrens

Abstiegsverfahren zur Lösung der Aufgabe

$$f(x) = \text{min!} \quad \text{bei} \quad x \in R^n \tag{7.17}$$

beruhen darauf, dass ausgehend von der Näherung x^k für eine Lösung x^*, für welche $\nabla f(x^*) = 0$ gilt, zunächst eine Abstiegsrichtung s^k bestimmt wird. Für diese Richtung gilt:
Es gibt ein $\overline{\alpha} > 0$, sodass

$$f(x^k + \alpha s^k) < f(x^k) \quad \text{für} \quad 0 < y\alpha < \overline{\alpha} .$$

Anschließend ermittelt man auf dem Strahl $x = x^k + \alpha s^k$ einen Punkt,

$$x^{k+1} = x^k + \alpha_k s^k , \tag{7.18}$$

in welchem die Funktion $f(x)$ einen kleineren Wert besitzt als in x^k:

$$f(x^{k+l}) < f(x^k) . \tag{7.19}$$

Die Forderung (7.19) reicht im Allgemeinen nicht aus, um zu sichern, dass ein Häufungspunkt x^* der Folge $\{x^k\}$ Lösung der Aufgabe (7.17) ist. Es muss zusätzlich gewährleistet sein, dass der Abstieg hinreichend stark ist. Dies ist der Fall, wenn für s^k:

$$\frac{\nabla f(x^k)^{\mathrm{T}} s^k}{\|s^k\|} \leq F(\|\nabla f(x^k)\|)$$

gilt, wobei F eine reellwertige Funktion mit

$$\lim_{k\to\infty} F(t_k) = 0 \Rightarrow \lim_{k\to\infty} t_k = 0 \tag{7.20}$$

ist.

Einfachste Realisierung von s^k, welche der Bedingung (7.20) genügt, ist

$$s^k = -\nabla f(x^k) , \tag{7.21}$$

In diesem Fall ist $\nabla f(x^k)^{\mathrm{T}} s^k = -\|\nabla f(x^k)\|^2$. Dies führt mit (7.18) zum Verfahren des steilsten Abstiegs:

$$x^{k+1} = x^k - \alpha_k \nabla f(x^k) . \tag{7.22}$$

Die Bezeichnung rührt daher, dass man in Richtung des Antigradienten $-\nabla f(x^k)$ unter geeigneten Voraussetzungen die größte Abnahme des Funktionswertes in

Bezug auf alle möglichen Fortschreitungsrichtungen nachweisen kann. Für die Bestimmung der Schrittweite α_k wurde in der vorliegenden Implementierung das Armijo-Prinzip gewählt:
Mit einer vorher festgelegten Zahl q mit $0 < q < 1$ wird zunächst für $\alpha = 1, 2^{-1}, 2^{-2}, \ldots$ geprüft, ob die Ungleichung,

$$f(x^k - \alpha \nabla f(x^k)) - f(x^k) \leq \alpha q \|\nabla f(x^k)\|^2 \tag{7.23}$$

erfüllt ist. Als α_k wird das größte dieser α gewählt, für welches (7.23) erfüllt ist. Zur Konvergenz des Verfahrens kann bewiesen werden: Falls $\nabla f(x^k) \neq 0$ für alle k, dann ergibt sich

$$\nabla f(x^k)^{\mathrm{T}} s^k < 0 \tag{7.24}$$

für $k = 0, 1, 2, \ldots$ Daraus erhält man die folgende Aussage:
Falls die Niveaumenge

$$W(x^0) = \{x : f(x) \leq f(x^0)\}$$

beschränkt ist, d. h. $\|x\| \leq K$, mit $K > 0$ für $x \in W(x^0)$ gilt:

- Jeder Häufungspunkt x^* von $\{x^k\}$ erfüllt die Bedingung $\nabla f(x^*) = 0$,
- Unter geeigneten Konvexitätsbedingungen an f ist jeder Häufungspunkt x^* von $\{x^k\}$ eine Lösung von (7.17).

7.4.2
Aufbau des Algorithmus

S0: Wähle einen Punkt $x^0 \in R^n$, ein q mit $0 < q < 1$ sowie ein $\epsilon > 0$ und setze $k = 0$.

S1: Wenn $\|\nabla f(x^k)\| \leq \epsilon$ setze $x^* = x^k$. Stopp.

S2: Ermittle $\alpha_k = \max\{\alpha = (1/2)^i : i = 0, 1, 2, \ldots\}$ mit:

$$f\left(x^k - \alpha_k \nabla f(x^k)\right) - f(x^k) \leq q\alpha_k \|\nabla f(x^k)\|^2 \; .$$

S3: Setze

$$x^{k+1} = x^k - \alpha_k \nabla f(x^k) \; .$$

Setze $k = k + 1$ und gehe zu S1.

Die C++-Headerdatei „grad.h" beinhaltet eine Realisierung des Algorithmus.

Beispiel 7.4 Es ist folgende Zielfunktion zu minimieren,

$$f(x) = x_1^4 - 2x_1^3 + x_2^2 + x_1^2 x_2 - 4x_1 x_2 + 3 \; . \tag{7.25}$$

Mit dem Startpunkt $x^1 = (3, 4)^{\mathrm{T}}$ und der Abbruchschranke $\epsilon = 10^{-8}$ erhält man nach 9 Iterationen die Lösung

$$x_1 = 1.632\,99 \; , \quad x_2 = 1.932\,52$$

mit dem Zielfunktionswert $f = -2.333\,33$. Das Beispiel wurde unter „C:\optisoft\examples\u7131grad.cpp“ gespeichert.

Beispiel 7.5 Gesucht ist das Minimum der Funktion

$$f(x) = x_1^4 + x_2^4 \, .$$

Als Startpunkt wurde $x^0 = (4, 1)^{\mathrm{T}}$ verwendet. Die Rechnung wurde nach 14 Iterationsschritten abgebrochen, da der Abbruchtest $\|f(x^k)\| \leq 10^{-2}$ erfüllt war. Die 14. Näherung für x^* lautet x^* ist $x^{14} = (0.166\,34, 0.116\,34)^{\mathrm{T}}$. Der Funktionswert in diesem Punkt beträgt $f(x^{14}) = 3.6637 \cdot 10^{-4}$. Die exakte Lösung ist $x^* = (0, 0)^{\mathrm{T}}$ mit $f(x^*) = 0$. Das Beispiel wurde unter „C:\optisoft\examples\u7141grad.cpp“ gespeichert.

7.4.3 Weiterführende Bemerkungen

Das Verfahren des steilsten Abstiegs wurde von Cauchy 1847 beschrieben und ist wohl das älteste Iterationsverfahren zur Minimierung von Funktionen. Von der Struktur her sehr einfach und bei der Bestimmung lokaler Minima recht zuverlässig, erscheint es zunächst sehr attraktiv, zumal auch der Speicherplatz mit $O(n)$ recht gering ausfällt. Die im Allgemeinen außerordentlich langsame Verbesserung der Zielfunktionswerte und der Iterierten x^k hat dieses Verfahren für endlichdimensionale Probleme in den Hintergrund treten lassen. Dies betrifft insbesondere die alleinige Anwendung in der Schlussphase der Rechnung. In der Kopplung mit anderen Verfahren (globale Phase: Gradientenverfahren, lokale Phase: Newton-Verfahren) und in den Modifikationen als Verfahren der konjugierten Richtungen hat es sich als sehr leistungsfähig erwiesen (vgl. [22]). Für Probleme in allgemeinen Räumen (z. B. Steuerprobleme) ist die Methode des steilsten Abstiegs wegen der Schwierigkeiten der zu beschaffenden Informationen über die höheren Ableitungen oft die einzige Möglichkeit der Minimierung.

7.5 Das Verfahren der konjugierten Gradienten

7.5.1 Grundlagen des Verfahrens

Verfahren der konjugierten Gradienten wurden zur Lösung der Aufgabe

$$f(x) = \text{min!} \quad \text{bei} \quad x \in R^n \tag{7.26}$$

entwickelt. Sie haben ihre Bezeichnung der Tatsache zu verdanken, dass die Fortschreitungsrichtungen s^k zur Minimierung der quadratischen Funktion

$$Q(x) = \frac{1}{2}x^{\mathrm{T}}Cx + p^{\mathrm{T}}x + q \tag{7.27}$$

gerade so gewählt werden, dass für die Richtungen s^i, $i = 1, \dots, k-1$

$$(s^i)^{\mathrm{T}}Cs^k = 0 \tag{7.28}$$

gilt. Die Richtungen s^k mit der Eigenschaft (7.27) werden in einem Verfahren zur Minimierung von Q in folgender Weise ermittelt:
In einem Startpunkt x^0 wird die Richtung $s^0 = -\nabla Q(x^0)$ bestimmt. Im k-ten Schritt der Iteration erhält man x^{k+1} durch Minimierung von $Q(x)$ auf dem Strahl $x(\alpha) = x^k + \alpha s^k$:

$$x^{k+1} = x^k + \alpha_k s^k \ , \tag{7.29}$$

wobei $\alpha_k < 1$ der Beziehung

$$Q\left(x^k + \alpha_k s^k\right) = \min_{\alpha \geq 0} Q(x^k + \alpha s^k) \tag{7.30}$$

genügt. Mit

$$g^{k+l} = \nabla Q(x^{k+1}) \tag{7.31}$$

und

$$\beta_k = \frac{(g^{k+l})^{\mathrm{T}}Cs^k}{(s^k)^{\mathrm{T}}Cs^k} \tag{7.32}$$

ergibt sich

$$s^{k+1} = -g^{k+1} + \beta_k s^k \ . \tag{7.33}$$

Für quadratische Funktionen (7.26) lässt sich damit das Minimum in höchstens n Schritten ermitteln. Diese Eigenschaft kann für eine allgemeine nichtlineare Funktion $f(x)$ nicht nachgewiesen werden. Dessen ungeachtet haben sich Verfahren der konjugierten Gradienten auch in diesem Fall als leistungsfähige Methoden zur Lösung von (7.25) erwiesen. Für die Größe α_k in (7.28) wird die sogenannte perfekte Schrittweite verwendet, welche durch die Eigenschaft

$$\nabla f\left(x^k + \alpha_k s^k\right)^{\mathrm{T}} s^k = 0 \tag{7.34}$$

charakterisiert ist. Zur Berechnung von β_k wurde in der vorliegenden Implementierung die Vorschrift

$$\beta_k = \frac{(g^{k+1})^{\mathrm{T}}(g^{k+1} - g^k)}{(g^k)^{\mathrm{T}}g^k} \tag{7.35}$$

von Polak und Ribiere verwendet. Andere Möglichkeiten für den allgemeinen nichtlinearen Fall sind (vgl. [22])

$$\beta_k = \frac{(g^{k+1})^T g^{k+1}}{(g^k)^T g^k} \tag{7.36}$$

oder

$$\beta_k = \frac{(g^{k+1})^T H(x^{k+1}) s^k}{(s^k)^T H(x^{k+1}) s^k} \; . \tag{7.37}$$

7.5.2 Aufbau des Algorithmus

S0: Wähle $x^0 \in R^n$ und $\epsilon > 0$. Setze $s^0 = -\nabla f(x^0)$, $k = 0$.
S1: Falls $\|\nabla f(x^k)\| \leq \epsilon$ ist $x^* = x^k$ Lösung. Stopp.
S2: Bestimme α_k derart, dass gilt

$$\nabla f\left(x^k + \alpha_k s^k\right)^T s^k = 0 \tag{7.38}$$

und setze

$$x^{k+1} = x^k + \alpha_k s^k \; . \tag{7.39}$$

S3: Berechne $\nabla f(x^{k+1})$, wähle β_k und setze

$$s^{k+1} = -\nabla f(x^{k+1}) + \beta_k s^k \; . \tag{7.40}$$

S4: Setze $k = k + 1$ und gehe zu S1.

Die C++-Headerdatei „cg.h“ beinhaltet eine Realisierung des vorgestellten Verfahrens.

Beispiel 7.6 Mit dem Verfahren der konjugierten Gradienten wurde das Minimum der Funktion

$$f(x) = x_1^4 + (x_1 + x_2)^2 + (e^{x_2} - 1)^2 \tag{7.41}$$

näherungsweise bestimmt. Die Rechnung wurde im Punkt $x^0 = (1, 1)^T$ gestartet und nach 4 Iterationen im Punkt$x^4 = (1.828\,15 \cdot 10^{-12}, 2.886\,02 \cdot 10^{-12})^T$ beendet. Der Abbruchtest $\|\nabla f(x)\| \leq 10^{-6}$ war in diesem Punkt erfüllt. Die Näherung für das Minimum von $f(x)$ war in diesem Punkt, $f(x^4) = 2.222\,33 \cdot 10^{-23}$. Exakter Lösungspunkt ist $x^* = (0, 0)^T$ mit dem minimalen Funktionswert $f(x^*) = 0$. Das Beispiel wurde unter „C:\optisoft\examples\u7131cg.cpp“ gespeichert.

7.5.3 Weiterführende Bemerkungen

Verfahren der konjugierten Gradienten wurden erstmals von Hestenes und Stiefel zur Lösung linearer Gleichungssysteme bzw. zur dazu äquivalenten Minimierung quadratischer Funktionen eingesetzt. Die Endlichkeit der Verfahren zur Lösung derartiger Aufgaben ließ ein gutartiges Verhalten für den allgemeinen nichtlinearen Fall erwarten. Neben der im Algorithmus angegebenen Version existieren noch andere Möglichkeiten, paarweise konjugierte Richtungen zu erzeugen, insbesondere kann die verwendete Wahl von β_k nach Polak und Ribiere durch Berechnungsvorschriften von Fletcher und Reeves (vgl. [22]) ersetzt werden. Vom Speicherplatz her sind die Verfahren der konjugierten Richtungen anderen Verfahren – z. B. dem Newton-Verfahren – deutlich überlegen. Entgegengesetzt fällt der Vergleich aus, wenn man die Anzahl der erforderlichen Funktionswertberechnungen in Betracht zieht. Hier wirkt sich offenbar die allerdings in letzter Zeit angezweifelte Notwendigkeit einer sehr genauen Schrittweitenbestimmung nachteilig aus. Eine gute Übersicht über Verfahren der konjugierten Gradienten ist in [22] enthalten.

7.6 Das Newton-Verfahren

7.6.1 Grundlagen des Verfahrens

Als Verallgemeinerung des in Kapitel 4 vorgestellten Newton-Verfahrens für Funktionen einer Veränderlichen wird zur Lösung der Aufgabe

$$f(x) = \min! \quad \text{mit} \quad x \in R^n \tag{7.42}$$

in der Nullstellenaufgabe der notwendigen Minimumbedingung

$$\nabla f(x) = 0 \tag{7.43}$$

die Funktion ∇f in einer vorliegenden Näherung x^k linearisiert. Dadurch ergibt sich zunächst der Punkt y^k als Lösung des linearen Gleichungssystems

$$\nabla f(x^k) + \nabla^2 f(x^k)(y - x^k) = 0 \; . \tag{7.44}$$

In der Originalversion wird y^k als neue Iterierte x^{k+1} verwendet. Es mögen die folgenden Voraussetzungen gelten:,

1. Die Funktion $\nabla f(x)$ ist stetig differenzierbar,
2. es existiert ein $x^* \in R^n$ sowie eine Umgebung $U(x^*) = \{x : \|x - x^*\| \le \epsilon, \ \epsilon > 0\}$, sodass

   $$U(x^*) \subset D \; , \quad \nabla f(x^*) = 0 \tag{7.45}$$

   gilt,
3. es existiert die Inverse der Hesse-Matrix

   $$\nabla^2 f(x^*)^{-1} \; .$$

Dann konvergiert für beliebiges $x^0 \in U(x^*)$ die durch die beschriebene Vorgehensweise definierte Folge x^k gegen x^*, und es gilt mit $C > 0$

$$\| x^{k+1} - x^* \| \leq C \|x^k - x^*\|^2 \,. \tag{7.46}$$

Damit besitzt das Newton-Verfahren die Eigenschaft der lokalen quadratischen Konvergenz. Um unter geeigneten Voraussetzungen von jedem Startpunkt x^0 (auch außerhalb von $U(x^*)$) aus einen Punkt x^* bestimmen zu können, welcher die notwendige Minimumbedingung erfüllt, wird eine sogenannte gedämpfte Version des Newton-Verfahrens bereitgestellt. Dabei dient nicht y^k als Nachfolger von x^k, sondern man sucht auf der Strecke $[x^k, y^k]$ nach demjenigen Punkt

$$x^{k+1} = x^k + \lambda_k (y^k - x^k) \,,$$

für welchen die Funktion $f(x)$ ihren kleinsten Wert annimmt: mit

$$f\left(x^k + \lambda_k (y^k - x^k)\right) = \min_{0 \leq \lambda \leq 1} f\left(x^k + \lambda (y^k - x^k)\right) \,.$$

Es lässt sich unter hinreichend schwachen Voraussetzungen zeigen, dass für genügend großes k_0 gilt: $\lambda_k = 1 \; \forall k \geq k_0$. Damit geht in einer Umgebung von x^* das gedämpfte in das ungedämpfte Newton-Verfahren über. Man hat eine globale und lokal überlinear konvergente Methode zur Lösung der Aufgabe (7.41).

7.6.2 Aufbau des Algorithmus

S0: Wähle eine Anfangsnäherung $x^0, 0 < q < 1$, sowie eine Abbruchschranke $\epsilon > 0$; setze $k = 0$;

S1: Bestimme y^k als Lösung des linearen Gleichungssystems

$$\nabla f(x^k) + \nabla^2 f(x^k)(y - x^k) = 0 \,.$$

S2: Setze $s^k = y^k - x^k$. Ermittle

$$\lambda_k = \max \left(\frac{1}{2}\right)^i \quad i = 0, 1, 2, \ldots$$

mit

$$f\left(x^k + \lambda_k s^k\right) - f(x^k) \leq q * \lambda_k (\nabla f(x^k))^{\mathrm{T}} s^k$$
$$x^{k+1} = x^k + \lambda_k s^k \,.$$

S3: Falls $\|x^{k+1} - x^k\| \leq \epsilon$, ist $x^* = x^{k+l}$ Lösung. Stopp.

S4: Setze $k = k + 1$ und gehe zu S1.

Die C++-Headerdatei „newton.h" beinhaltet eine Realisierung des vorgestellten Verfahrens.

Beispiel 7.7 Es ist die folgende Funktion zu minimieren:

$$f(x) = x_1^4 - 2x_1^3 + x_2^2 + x_1^2 x_2 - 4x_1 x_2 + 3 \; . \tag{7.47}$$

Mit dem Startpunkt $x^0 = (1, 1)^\mathrm{T}$ und der Genauigkeitsschranke $\epsilon = 0.000\,01$ erhält man nach 5 Schritten die Lösung,

$$x^* = (1.632\,99, 1.932\,65)^\mathrm{T} \; .$$

Der Funktionswert beträgt $f(x^*) = -2.333\,33$.
Das Beispiel wurde unter „C:\optisoft\examples\u7132newton.cpp“ gespeichert.

Beispiel 7.8 Mit dem Newton-Verfahren wurde das Minimum der Funktion

$$f(x) = x_1^4 + (x_1 + x_2)^2 + (e^{x_1} - 1) \tag{7.48}$$

näherungsweise bestimmt. Die Rechnung wurde im Punkt $x^0 = (1, 1)^\mathrm{T}$ gestartet und nach 14 Iterationen im Punkt

$$x^1 4 = (-0.42764, 0.427628)^\mathrm{T}$$

beendet. Der Abbruchtest $||x^k - x^{k+1}|| \leq 10^{-5}$ war für $k = 6$ erfüllt. Der exakte Lösungspunkt ist $x^* = (0, 0)^\mathrm{T}$ mit dem minimalen Zielfunktionswert $f(x^*) = 0.154\,51$. Das Beispiel wurde unter „C:\optisoft\examples\u7542newton.cpp“ gespeichert.

7.6.3
Weiterführende Bemerkungen

Das Newton-Verfahren hat sich von seiner Grundidee als ein sehr wirksames Instrument für die Lösung von Minimierungsaufgaben und von Gleichungssystemen erwiesen. Den Vorteilen der Q-quadratischen Konvergenz bei vorliegender guter Startnäherung für den Fall, dass $\nabla^2 f(x^*)$ nichtsingulär ist, stehen folgende Nachteile gegenüber:

1. Im Allgemeinen liegt keine globale Konvergenz vor.
2. Die Berechnung der Hesse-Matrix $\nabla^2 f(x^k)$ ist in jedem Schritt der Iteration notwendig.
3. Es ist die Lösung eines linearen Gleichungssystems, welches unter Umständen schlecht konditioniert sein kann, notwendig.

Der erste Nachteil konnte in der vorliegenden Implementierung durch die Verwendung einer gedämpften Version beseitigt werden. Andere Möglichkeiten der Globalisierung bestehen in Einbettungsmethoden, in hybriden Methoden und in Trust-Region-Techniken (vgl. [23] und [24]). Diese Strategien werden in Kapitel 9 erörtert. Eine Vorstellung zugehöriger C++-Programme an dieser Stelle würde den Rahmen des Buches sprengen. Auf Modifikationen des Newton-Verfahrens, welche die Nachteile (2) und (3) umgehen, wird im Folgenden noch eingegangen. Die Gleichung (7.43) kann auch als notwendige Bedingung für ein Minimum der quadratischen Funktion

$$q_k(x) = f(x^k) + \nabla f(x^k)^{\mathrm{T}}(x - x^k) + \frac{1}{2}(x - x^k)^{\mathrm{T}}\nabla^2 f(x^k)(x - x^k) \qquad (7.49)$$

interpretiert werden. Umgekehrt kann das implementierte Newton-Verfahren auch dazu verwendet werden, allgemein ein System nichtlinearer Gleichungen

$$F(x) = (f_1(x), \dots, f_m(x))^{\mathrm{T}} = 0 \qquad (7.50)$$

zu lösen. Dazu sind die Komponenten von $F(x)$ anstelle der partiellen Ableitungen im Programm zu verwenden. Statt $f(x)$ kann $\phi(x) = \|F(x)\|$ zur Dämpfung genutzt werden. Wir betrachten dazu das nachfolgende Beispiel zur Anwendung des Newton-Verfahrens bei der Lösung eines nichtlinearen Gleichungssystems.

Beispiel 7.9 Mit dem Newton-Verfahren wurde das nichtlineare Gleichungssystem:

$$f_1(x) = x_1 + x_2 - 3 = 0 \qquad (7.51)$$

$$f_2(x) = x_1^2 + x_2^2 - 9 = 0 \qquad (7.52)$$

gelöst. Die beiden Gleichungen sind gemeinsam für den Punkt $x^* = (0, 3)^{\mathrm{T}}$ erfüllt. Nach 8 Iterationen war der Abbruchtest mit $\epsilon = 10^{-5}$ erfüllt. Die Iteration wurde im Punkt $x^5 = (-5.0084 \cdot 10^{-14}, 3.000\,00)^{\mathrm{T}}$. Das Beispiel wurde unter „C:\optisoft\examples\u7133newton.cpp“ gespeichert.

7.7 Das Newton-Verfahren mit konsistenter Approximation der Hesse-Matrix

7.7.1 Grundlagen des Verfahrens

Der entscheidende Nachteil bei der Anwendung des Newton-Verfahrens zur Lösung der Aufgabe

$$f(x) = \min! \quad \text{bei} \quad x \in R^n \qquad (7.53)$$

ist die notwendige Berechnung von Ableitungen höherer Ordnung. Ein Ausweg besteht in der konsistenten Approximation der Hesse-Matrix $\nabla^2 f$ der Funktion f. Hierbei wird die partielle Ableitung der i-ten Komponente $\phi_i = \partial f / \partial x_i$ des Gradienten $\nabla f(x) = (\phi_1, \dots, \phi_n]^{\mathrm{T}}$ nach der Variablen x_j

$$\frac{\partial \phi_i}{\partial x_j} = \frac{\partial^2 f}{\partial x_i \partial x_j} \qquad (7.54)$$

an der Stelle x^k durch die dividierte Differenz

$$\frac{\phi\left(x^k + h_k e_j\right) - \phi(x^k)}{h_k}$$

ersetzt. Die Approximation H_k der Hesse-Matrix $\nabla^2 f(x^k)$ der Funktion f an der Stelle x^k lässt sich dann in der Form

$$(H_k)_{ij} = \frac{\phi\left(x^k + h_k e_j\right) - \phi(x^k)}{h_k} \tag{7.55}$$

darstellen. Für die in der Implementierung gewählte Diskretisierungsschrittweite

$$h_k = \|x^k - x^{k-1}\|(1 + \|x^k\|) \tag{7.56}$$

kann lokal die Konvergenzgeschwindigkeit

$$\kappa = \frac{1}{2}(1 + \sqrt{5}) \tag{7.57}$$

nachgewiesen werden. Eine gleichzeitige Diskretisierung der ersten Ableitungen ist ebenfalls möglich. Da das vorgelegte C++-Programm für die Behandlung von Gleichungen verwendbar bleiben sollte, wird auf die Implementierung der entsprechenden Möglichkeiten verzichtet. Bei dieser Nutzung ist statt der Komponenten $\phi_i(x) = \partial f / \partial x_i$ des Gradienten einer zu minimierenden Funktion $f(x)$ das System von Gleichungen einzugeben, deren gemeinsame Nullstelle bestimmt werden soll.

7.7.2 Aufbau des Algorithmus

S0: Wähle zwei Anfangsnäherungen x^0 und x^1 für ein lokales Minimum der Funktion f, eine Abbruchschranke $\epsilon > 0$ sowie eine Zahl q mit $0 < q < 1$. Setze $k = 1$.

S1: Bestimme die Diskretisierungsschrittweite h_k gemäß (7.56) und berechne die Elemente der Matrix H_k aus (7.55).

S2: Ermittle y^k als Lösung des linearen Gleichungssystems

$$\nabla f(x^k) + H_k(y - x^k) = O\ .$$

Setze $s^k = y^k - x^k$.

S3: Falls $\|s^k\| \leq \epsilon$ ist, setze $x^* = x^k$. Stopp.

S4: Setze $s^k = y^k - x^k$. Berechne die kleinste nichtnegative ganze Zahl, für welche mit $\lambda_k = (1/2)^{j_k}$ gilt:

$$f\left(x_k + \lambda_k s^k\right) - f(x^k) \leq q * \lambda_k (\nabla f(x^k))^{\mathrm{T}} s^k\ .$$

S5: Setze

$$x^{k+1} = x^k + \lambda_k s^k\ ,$$

$k = k + 1$ und gehe zu S1.

Die C++- Headerdatei „newtapp.h“ beinhaltet eine Realisierung des vorgestellten Verfahrens.

Beispiel 7.10 Mit dem Newton-Verfahren mit konsistenter Approximation der Hesse-Matrix wurde die Funktion

$$f(x) = (x_1 - 2)^4 + (x_1 - 2)^2 * x_2^2 + (x_2 + 1)^2 \,. \tag{7.58}$$

minimiert. Die Lösung ist $x^* = (2, -1)^{\mathrm{T}}$ mit der minimalen Zielfunktion $f(^*) = 0$. Als Startpunkt diente $x^0 = (0, 0)^{\mathrm{T}}$. Mit der Abbruchgenauigkeit $\epsilon = 10^{-5}$ wurde die Rechnung nach 7 Iterationsschritten abgebrochen, der Punkt $x^7 = (2, -1)^{\mathrm{T}}$ ist die exakte Lösung.
Das Beispiel wurde unter „C:\optisoft\examples\u7131newtapp.cpp“ gespeichert.

7.7.3 Weiterführende Bemerkungen

Die angegebene konsistente Approximation der zweiten Ableitungen im Newton-Verfahren stellt nur die einfache Form derartiger Vorschriften dar. Sie zeichnet sich durch eine hohe Stabilität aus, erfordert aber die Berechnung der Ableitungen in weiteren Hilfspunkten. Die charakterisierende Eigenschaft, dass für klein werdende Diskretisierungsschrittweiten die Approximation immer besser mit der Hesse-Matrix von $f(x)$ übereinstimmt, also konsistent ist, wird auch von anderen Vorschriften erfüllt. Am bekanntesten sind die sogenannten sequenziellen Sekantenverfahren, bei denen die Gradienten in $n + 1$ zurückliegenden Iterationspunkten verwendet werden. Zum Nachweis der Konsistenz, der Durchführbarkeit der Iteration und der überlinearen Konvergenz ist allerdings erforderlich, dass sich diese Gradienten in sogenannter allgemeiner Lage befinden. Im zweidimensionalen Fall bedeutet dies, dass die Punkte, welche die Gradienten repräsentieren, nicht auf einer Geraden liegen dürfen. Eine derartige Forderung ist a priori kaum zu erfüllen. Auf bekannte Vertreter der betrachteten Verfahrensklasse, wie die Vorschrift von Heinrich *et al.* und von Danilin und Pcenicnij wird in [22] ausführlich eingegangen.

7.8 Das Verfahren der variablen Metrik (Quasi-Newton-Verfahren)

7.8.1 Grundlagen des Verfahrens

Eine andere Möglichkeit, höhere Ableitungen bei der Minimierung der Funktion f zu vermeiden, stellen Quasi-Newton-Verfahren dar. In der quadratischen

Ersatzfunktion

$$Q_k(x) = f(x^k) + \nabla f(x^k)^{\mathrm{T}}(x - x^k) + \frac{1}{2}(x - x^k)^{\mathrm{T}}\nabla^2 f(x^k)(x - x^k) \qquad (7.59)$$

wird dabei die Hesse-Matrix $\nabla^2 f$ der Funktion f durch eine Approximation B_k ersetzt, welche der Bedingung

$$B_k(x^k - x^{k-1}) = \nabla f(x^k) - \nabla f(x^{k1}) \qquad (7.60)$$

genügt. Die Matrix B_k ist, außer im Fall $n = 1$, durch (7.60) nicht eindeutig bestimmt. Man kann nun neben dem Erfülltsein dieser „Quasi-Newton-Gleichung" (7.60) noch die folgenden sinnvollen Forderungen stellen:

1. Es existiere eine Aufdatierungsvorschrift Ψ, sodass

   $$B_{k+1} = \Psi(B_k, r^k, v^k) \qquad (7.61)$$

   mit

   $$r^k = x^{k+1} - x^k \quad \text{und} \quad v^k = \nabla f(x^{k+1}) - \nabla f(x^k) \qquad (7.62)$$

   gilt.
2. Die Matrix B_k soll aus Aufwandsgründen symmetrisch sein.
3. Die Matrix B_k soll positiv definit sein.

Dann ergibt sich eine Klasse von quadratischen Ersatzfunktionen,

$$\phi_k(x) = f(x^k) + \nabla f(x^k)^{\mathrm{T}}(x - x^k) + (x - x^k)^{\mathrm{T}} B_k(x - x^k) , \qquad (7.63)$$

welche gerade auf Quasi-Newton-Verfahren zur Minimierung der Funktion f führen. Diese beruhen darauf, dass man das Gleichungssystem

$$B_k(x - x^k) + \nabla f(x^k) = 0 \qquad (7.64)$$

löst, welches sich aus der notwendigen Extremalbedingung für die Aufgabe

$$\phi_k(x) = \min! \qquad (7.65)$$

ergibt. Die daraus resultierende Iterationsvorschrift

$$x^{k+1} = x^k - \alpha_k B_k^{-1} \nabla f(x^k) \qquad (7.66)$$

berücksichtigt die für die globale Konvergenz erforderliche Dämpfung des Fortschreitens in x. Die einzelnen Quasi-Newton-Verfahren unterscheiden sich in der konkreten Wahl von B in ϕ. Neben der Überschreibung von B_k kommt dabei auch der Aufdatierung von B_{k-1} eine Bedeutung zu. Als besonders effektiv haben sich die Rang-Eins-Aufdatierungen der Broyden-Klasse erwiesen.

7.8.2
Aufbau des Algorithmus

S0: Wähle eine Anfangsnäherung x^0 sowie eine Abbruchschranke $\epsilon > 0$. Setze $H_0 = B_0^{-1} = I, k = 0$.

S1: Ermittle

$$s^k = -H_k \nabla f(x^k) .$$

S2: Ermittle die kleinste nichtnegative ganze Zahl j_k, für welche mit $\alpha_k = (1/2)^{j_k}$ gilt:

$$f\left(x^k + \alpha_k s^k\right) - f(x^k) \leq \alpha_k (\nabla f(x^k))^{\mathrm{T}} s^k .$$

S3: Setze

$$x^{k+1} = x^k + \alpha_k s_k ,$$
$$v^k = \nabla f(x^{k+1}) - \nabla f(x^k) ,$$
$$r^k = x^{k+l} - x^k$$

und bestimme

$$H_{k+1} = H_k + \frac{\left(r^k - H_k v^k\right)(r^k)^{\mathrm{T}} H_k}{(r^k)^{\mathrm{T}} H_k v^k} .$$

S4: Falls $\|r^k\| \leq \epsilon$ gilt, ist $x^* = x^{k+1}$ Lösung. Stopp.

S5: Setze $k = k + 1$ und gehe zu S1.

Die C++-Headerdatei „quasinewton.h" beinhaltet eine Realisierung des vorgestellten Verfahrens.

Beispiel 7.11 Es ist die folgende Funktion zu minimieren:

$$f(x) = x_1^4 - 2x_1^3 + x_2^2 + x_1^2 x_2 - 4x_1 x_2 + 3 . \tag{7.67}$$

Mit dem Startpunkt $x^0 = (1, 1)^{\mathrm{T}}$ und der Genauigkeitsschranke $\epsilon = 0.000\,01$ erhält man nach 7 Schritten die Lösung,

$$x^* = (1.632\,99, 1.932\,65)^{\mathrm{T}} .$$

Der Funktionswert beträgt $f(x^*) = -2.333\,33$. Das Beispiel wurde unter „C:\optisoft\examples\u7131quasinewton.cpp" gespeichert.

Beispiel 7.12 Mit der Vorschrift von Broyden wurde näherungsweise das Minimum der Funktion

$$f(x) = (x_1 - 1)^4 + (x_2 - 1)^2$$

bestimmt. Nach 13 Iterationen war der Abbruchtest mit $\epsilon = 10^{-5}$ erfüllt. Die Iterierte x^{13} hat die Gestalt

$$x^{13} = (0.999\,97, 0.999\,97)^{\mathrm{T}} .$$

Der Zielfunktionswert ist $f(x^{13}) = 9.611\,81 \cdot 10^{-11}$. Exakter Lösungspunkt ist $x^* = (1,1)^{\mathrm{T}}$ mit $f(x^*) = 0$. Das Beispiel wurde unter „C:\optisoft\examples\u7131quasinewton.cpp" gespeichert.

7.8.3 Weiterführende Bemerkungen

Als erstes Quasi-Newton-Verfahren kann die von Davidon verwendete und von Fletcher und Powell publizierte DFP-Vorschrift angesehen werden. Insbesondere die – allerdings erst viel später von Burmeister bewiesene – n-Schritt-quadratische Konvergenz, das Vermeiden von linearen Gleichungssystemen und die ausschließliche Verwendung erster Ableitungen erwiesen sich als vorteilhafte Eigenschaften. So entstand eine ganze Reihe von Aufdatierungsformeln, von denen insbesondere diejenigen der sogenannten Broyden-Klasse erwähnenswert sind. Als leistungsfähige Vertreter kann neben der implementierten BFGS-Formel eine Aufdatierungsvorschrift von Kleinmichel [25] gelten. Eine Übersicht über Quasi-Newton-Verfahren ist in [22] enthalten.

8
Beschränkte nichtlineare Optimierung

Für Probleme der nichtlinearen Optimierung mit Restriktionen existiert kein universell einsetzbarer Algorithmus. Es ist deshalb Anliegen des vorliegenden Kapitels, dem Leser für verschiedene Problemklassen erfolgreiche Lösungsverfahren vorzustellen und ihn damit zu befähigen, für das von ihm betrachtete Problem ein oder mehrere Programme auszuwählen. Über die Entwicklung von Software wurde bereits einiges bemerkt. Außerdem sollen umfangreichere Sammlungen von Programmen der nichtlinearen Optimierung genannt werden: die Bibliotheken Matlab, IMSL (International Mathematical and Statistically Library) und die NAG (Numerical Algorithms Group). Das Kapitel 8 ist ebenso strukturiert wie das Kapitel 7. Wir stellen zunächst Verfahren der direkten Suche dar, d. h. Verfahren, die eingesetzt werden können, wenn nur die Werte der Zielfunktion berechnet werden können. Dann werden Verfahren angegeben, für welche Informationen über erste oder zweite Ableitungen zur Verfügung stehen müssen.

Verfahren der direkten Suche

Verfahren dieser Klasse können für nichtstetige und nicht differenzierbare Probleme eingesetzt werden. Sie haben sich besonders für Optimierungsprobleme aus den Gebieten der rechnergestützten Konstruktion, des rechnergestützten Entwurfs sowie der technischen Produktionsvorbereitung bewährt. Wir stellen hier folgende Erweiterungen der Verfahren aus Kapitel 7 auf beschränkte Probleme dar:

- Das Verfahren der stochastischen Suche,
- Das Verfahren der koordinatenweisen Suche,
- Das einfache Polytopverfahren.

Ableitungsbehaftete Verfahren

Für nichtlineare restringierte Optimierungsprobleme, für die Stetigkeits- und/ oder Differenzierbarkeitsannahmen gelten, werden Verfahren beispielhaft aus mehreren Klassen von Lösungsmethoden dargestellt:

- Das Schnittebenenverfahren
- Das Straf-Barriere-Verfahren

Optimierung in C++, 1. Auflage. Claus Richter.

- Das erweiterte Newton-Verfahren
- Das Wilson-Verfahren

Das letztere Verfahren hat sich als besonders erfolgreich erwiesen. Für große nichtlineare Optimierungsprobleme, deren lineare oder nichtlineare Nebenbedingungen einzeln nur von wenigen Variablen abhängen, sogenannte Sparse Probleme, hat sich das Vorgehen der verallgemeinerten reduzierten Gradienten bewährt. Sein Aufbau ist jedoch so vielschichtig, dass sich eine Darstellung und Implementierung im Rahmen dieses Buches nicht anbietet. Demgegenüber wurde das erweiterte Newton-Verfahren aufgenommen.

8.1 Die adaptive Zufallssuche

8.1.1 Grundlagen des Verfahrens

Aus der großen Klasse der stochastischen Verfahren soll hier das Verfahren der adaptiven Zufallssuche vorgestellt werden, das sich in einer Reihe von Anwendungen bewährt hat. Es wird die Aufgabenstellung betrachtet:

$$\begin{aligned} & f(x) = \min! \quad x \in R^n \,, \\ & \text{mit} \quad g_i(x) \le 0, \quad i = 1, \dots, m \,, \\ & \text{und} \quad a \le x \le b \,. \end{aligned} \tag{8.1}$$

In den Verfahren der adaptiven Zufallssuche ist die Effektivität der sogenannten blinden Zufallssuche durch Elemente des Lernens erhöht worden. So besteht das Grundprinzip darin, dass die Wahrscheinlichkeitsdichte der zufällig ausgewählten neuen Punkte zielgerichtet verändert wird. Die Streuung um den Punkt mit dem jeweils besten Zielfunktionswert wird ständig verkleinert. Das führt zu folgender Berechnungsvorschrift für die neuen Suchpunkte:

$$x^{k+1} = x_b^k + \Theta r \,.$$

Dabei ist Θ eine Diagonalmatrix, deren Elemente gleichverteilte Zufallsgrößen aus dem Intervall $[-1, 1]$ sind. Weiterhin ist x^{k+1} der aktuelle Suchpunkt während der $k+1$-ten Iteration und x_b^k der Suchpunkt mit dem besten Zielfunktionswert in der k-ten Iteration. Für die Berechnung von r gilt

$$r = \frac{1}{2}(b - a) \tag{8.2}$$

und K ist ein Koeffizient zur Beeinflussung der Streuung, d. h. dieser Koeffizient verändert die Verteilungsdichte so, dass sich die Streuung um den „besten" Punkt x_b verringert. Das Verfahren in (7.1) ist, wie leicht ersichtlich, für $K = 1$ und $r = (h, \dots, h)^T$ und mit fehlenden Restriktionen ein Spezialfall des hier behandelten.

8.1.2 Aufbau des Algorithmus

S0: Eingabe des Startpunktes x^0, der maximalen Zahl von Suchpunkten je Iteration j und der maximalen Zahl von Iterationen k_m. Berechne r nach (8.2) und setze $K = 1$, $x_b^1 = x^0$, $k = 1$ und $j = 0$.

S1: Berechne die Diagonalmatrix Θ, deren Elemente gleichverteilte Zufallszahlen aus dem Intervall $[-1, 1]$ sind.
Ermittle

$$x^k = x_b^k + \Theta^K r \,. \tag{8.3}$$

S2: Ist für einen Index $i = 1, \ldots, m$ die Nebenbedingung $g_i(x^k) \leq 0$ verletzt oder für ein $i = 1, \ldots, n$ die Bedingung $a_i \leq x_i \leq b_i$ nicht erfüllt, so gehe zu S4.

S3: Ist $f(x^k) < f(x_b^k)$, setze $x_b^k = x^k$.

S4: Setze $j = j + 1$. Ist $j \leq j_m$, dann gehe zu S1.

S5: Setze $k = k + 1$ und $K = K + 2$.
Gilt $k \geq k_m$, so ist x_b^k die Näherungslösung mit dem kleinsten Funktionswert $f(x_b^k)$. Stopp. Andernfalls gehe zu S1.

Das C++ Programm „erwstoch.h“ realisiert diesen Algorithmus.

Beispiel 8.1 Es wird die gleiche Aufgabe wie in Abschnitt 7.1 betrachtet, um einen Vergleich der Effektivität anstellen zu können und die Wirkung der vorgeschlagenen Verbesserungsmöglichkeiten zu testen. Die folgende Funktion sei zu minimieren:

$$f(x) = x_1^4 - 2x_1^3 + x_2^2 + x_1^2x_2^2 - 4x_1x_2 + 3$$

mit

$$-2 \leq x_i \leq 8 \,, \quad i = 1, 2 \,.$$

Der Startpunkt ist wie in Abschnitt 8.1 $x^0 = (3, 4)^{\mathrm{T}}$, die maximale Zahl von Suchpunkten je Iteration $j_m = 40$, die maximale Iterationszahl $k_m = 3$. Als Lösung erhält man nach 124 Zielfunktionswertberechnungen

$$x_b = (1.570\,84, 0.921\,12]^{\mathrm{T}}$$

mit dem Zielfunktionswert $f(x_b) = -1.509\,13$. Im Vergleich mit dem Verfahren der einfachen Zufallssuche ist erkennbar, dass eine Effektivitätssteigerung eintrat. Die Zahl der notwendigen Zielfunktionswertberechnungen konnte von 200 auf 124 gesenkt werden und dabei noch ein besserer Funktionswert erreicht werden. Um die Beliebtheit der Verfahrensklasse der adaptiven Zufallssuche zu demonstrieren, sei die obige Aufgabe um eine Ungleichung erweitert,

$$-4x_l - 5x_2 + 20 \leq 0 \,. \tag{8.4}$$

Diese Aufgabe wird mit dem Verfahren der adaptiven Zufallssuche gelöst. Es wird der gleiche Startpunkt $x^0 = (3, 4)^T$ verwendet, die maximale Iterationszahl $k_m = 3$ und die maximale Zahl von Probeschritten je Iteration ist $j_m = 50$. Man erhält das beschränkte Minimum bei

$$x_b = (0.734\,09, 3.458\,31)^T \tag{8.5}$$

mit dem Zielfunktionswert $f(x_b) = 10.749\,35$ nach 154 Funktionswertberechnungen. In gleicher Weise können natürlich auch nichtlineare Nebenbedingungen berücksichtigt werden. Diese Verfahren sind wegen ihrer Einfachheit und Robustheit sehr beliebt. Mit hinreichender Effektivität liefern sie jedoch nur Lösungen in einer Umgebung von 10 % bis höchsten 1 % des Minimums. Das kann für praktische Probleme bereits genügen. Gegebenenfalls führt man die Suche mit lokal konvergenten Verfahren weiter.
Das Beispiel wurde unter „C:\optisoft\examples\c8340erwstoch.cpp" gespeichert.

8.1.3 Weiterführende Bemerkungen

Eine Steigerung der Effektivität der vorgestellten adaptiven Zufallssuche kann man z. B. durch schrittweise Reduktion des Suchintervalls erzielen. Das kann man durch folgende Berechnungsvorschrift für die neuen Suchpunkte erreichen:

$$x^k = x_b^k + \frac{1}{K}\xi^K R\,.$$

Dabei muss darauf geachtet werden, dass die Folge der K nicht zu schnell wächst. Es würde sonst eine zu starke Einengung des Suchbereiches eintreten und damit lokale Konvergenz auftreten. Für K erwies sich die Folge 1; 3; 5; 7; … als am günstigsten. Für die Realisierung als Dialogprogramm in C++ erscheinen bis zu 500 Suchpunkte je Iteration geeignet.

8.2 Das erweiterte Polytopverfahren

8.2.1 Grundlagen des Verfahrens

Es wird von folgender Problemstellung ausgegangen:

$$f(x) = \min! \tag{8.6}$$

$$\text{bei} \quad g_i(x) \le 0\,, \quad i = 1, \dots, m \tag{8.7}$$

$$\text{und} \quad a \le x \le b\,. \tag{8.8}$$

Das erweiterte Polytopverfahren (Complex-Verfahren nach Box [26]) ist eine Übertragung der Idee des einfachen Polytopverfahrens auf den Fall eines Optimierungsproblems mit Nebenbedingungen. Dadurch ist neben der Untersuchung des Wertes der Zielfunktion auch noch die Einhaltung der Nebenbedingungen (8.7) und (8.8) zu überprüfen. Ausgangspunkt ist ein Simplex in $G \subset R^n$. Durch Vorschriften der Reflexion, Expansion und Kontraktion wird erreicht, dass sich das Simplex um das Minimum der Zielfunktion zusammenzieht. Dabei erwies es sich als günstig, ein Simplex mit $l = 2n$ Eckpunkten zu verwenden. Der Wert von l sollte jedoch mindestens gleich $(n + 1)$ und nie kleiner 3 sein. Die Eckpunkte des Simplexes werden nach den Werten der Zielfunktion folgendermaßen geordnet:

$$f(x^1) \leq f(x^2) \leq \cdots \leq f(x^n) \leq \cdots \leq f(x^l) . \tag{8.9}$$

Mit dieser Indizierung errechnet sich der Schwerpunkt aller Eckpunkte außer demjenigen mit dem größten Funktionswert gemäß:

$$x^s = \frac{1}{l-1} \sum_{i=1}^{l-1} x^i . \tag{8.10}$$

Eine Erhöhung der Effektivität des Verfahrens [27, 28] erreicht man, wenn bei der Berechnung des Schwerpunkts eine Wichtung durch die Zielfunktionswerte erfolgt, d. h.

$$x^s = \frac{1}{\Delta(l-1)} \sum_{i=1}^{l-1} \Delta_i x^i , \tag{8.11}$$

wobei

$$\Delta_i = 1 \quad \text{für} \quad f(x^l) - f(x^1) \leq 0.05 * (|f(x^1)| + 10^{-1})$$
$$\Delta_i = \frac{[f(x^l) - f(x^i)]}{[f(x^l) - f(x^1)]} \quad \text{im anderen Fall ,}$$

und

$$\Delta = \sum_{i=1}^{l-1} \Delta_i . \tag{8.12}$$

Um den Schwerpunkt erfolgt eine Reflexion des Punktes mit dem schlechtesten Zielfunktionswert x^l nach

$$x^r = x^s + \alpha(x^s - x^l) . \tag{8.13}$$

Der Reflexionskoeffizient α ist im Programm „erwpolytop.h" gleich eins. War diese Reflexion erfolgreich, d. h. $f(x^r) < f(x^1)$ und werden alle Nebenbedingungen eingehalten, dann erfolgt eine Expansion des Simplexes nach

$$x^e = x^s + \gamma(x^r - x^s) \tag{8.14}$$

mit dem Expansionskoeffizienten $\gamma > 1$. Stellt jedoch der Zielfunktionswert im reflektierten Punkt gegenüber den anderen keine Verbesserung dar oder werden Nebenbedingungen verletzt, dann wird außerhalb des alten Simplex kontrahiert $(0 < \beta < 1)$.

$$x^c = x^s + \beta(x^r - x^s) . \tag{8.15}$$

Sollte das noch keine Verbesserung bei der Minimumsuche bringen oder werden Nebenbedingungen verletzt, so erfolgt eine Reflexion des berechneten Punktes am Schwerpunkt in den aufgespannten Simplex (Kontraktion nach innen).

$$x^c = x^s + \alpha(x^r - x^s) . \tag{8.16}$$

Verletzt dieser Punkt Nebenbedingungen oder wird keine Verbesserung des Zielfunktionswertes erreicht, so werden die Koordinaten des schlechtesten Punktes mit denen des besten gemittelt. Sind bei diesem Punkt immer noch die Grenzen verletzt oder noch immer keine Verbesserung erreicht, so werden alle Eckpunkte des Polytops außer x^l durch $x^i/2$ mit $i = 2, 3, \ldots, l$ ersetzt. Als Abbruchkriterium wird $F \leq \epsilon$ mit

$$F = \left[\frac{1}{l} \sum_{i=1}^{l} \left(f(x^i) - \frac{1}{l} \sum_{i=1}^{l} f(x^i) \right)^2 \right]^{0.5} \tag{8.17}$$

verwendet. Um der Forderung nach multivalenter Nutzbarkeit des Algorithmus zu entsprechen, ist es sinnvoll, neben der Möglichkeit, den Startsimplex im explizit gegebenen Lösungsgebiet mithilfe von Zufallszahlen aufzubauen, auch ein vollständiges Einlesen des Simplexes vorzusehen. Weiterhin ist das Verfahren auch für Probleme ohne Nebenbedingungen anwendbar. Die Auswertung einer Reihe von Anwendungsfällen zeigt, dass das Verfahren mit Annäherung an die Lösung an Effektivität verliert. Die Konvergenzgeschwindigkeit in der Nähe der Lösung ist gering, jedoch die Zuverlässigkeit des Suchprozesses hoch.

8.2.2 Algorithmus

S0: Vorgabe eines zulässigen Startpunktes x^l und zufällige Erzeugung der restlichen $l - 1$ Eckpunkte des Startpolytops, Eingabe des Abbruchkriteriums ϵ. Die verfahrensspezifischen Parameter haben die Werte $\alpha = 1, \beta = 0.5$ und $\gamma = 1.2$.

S1: Die Eckpunkte des Polytops werden nach den Werten der Zielfunktion geordnet:

$$f(x^1) \leq f(x^2) \leq \cdots \leq f(x^n) \leq \cdots \leq f(x^l) .$$

S2: Bestimme den gewichteten Schwerpunkt x^s.

S3: Reflexion des Punktes mit dem schlechtesten Zielfunktionswert um den Schwerpunkt

$$x^r = x^s + \alpha(x^s - x^l) \,. \tag{8.18}$$

Werden die Grenzen (8.7) nicht eingehalten, gehe zu S5.
Ist $f(x^r) < f(x^l)$, gehe zu S4.
Ist $f(x^r) \geq f(x^l)$, gehe zu S5.

S4: Expansion entlang der Reflexionsrichtung. Berechne

$$x^e = x^s + \gamma(x^r - x^s) \,.$$

Werden die Grenzen (8.7) nicht eingehalten, gehe zu S9.
Ist $f(x^e) < f(x^r)$, dann setze $x^r = x^e$.
Gehe zu S9.

S5: Kontraktion entlang der Reflexionsrichtung. Setze

$$x^c = x^s + \beta(x^r - x^s) \,.$$

Werden die Grenzen (8.7) nicht eingehalten, gehe zu S6.
Ist $f(x^c) < f(x^r)$, dann setze $x^r = x^c$ und gehe zu S9.

S6: Reflexion des kontrahierten Punktes am Schwerpunkt

$$x^c = x^s + \alpha(x^l - x^s) \,.$$

Werden die Grenzen (8.7) verletzt, gehe zu S8.
Falls $f(x^c) < f(x^l)$, dann setze $x^r = x^c$ und gehe zu S9.

S7: Mittelung des Punktes x^c mit dem Punkt x^l, welcher zu dem bisher kleinsten Funktionswert gehört:

$$x^c = \frac{(x^c + x^l)}{2} \,.$$

Werden die Grenzen in (8.7) verletzt, dann gehe zu S8. Ist $f(x^c) < f(x^l)$, dann setze $x^r = x^c$ und gehe zu S9.

S8: Mittelung aller Punkte mit dem bisher besten Punkt:

$$x^i = \frac{(x^i + x^l)}{2} \,, \qquad i = 2, 3, \ldots, l \,.$$

Werden die Grenzen in (8.7) verletzt, wird die Mittelung wiederholt. Berechne die Zielfunktionswerte $f(x^2), \ldots, f(x^l)$, gehe zu S10.

S9: Ersetze den bisher schlechtesten Wert $x^l = x^r$.

S10: Berechne F nach

$$F = \left[\frac{1}{l} \sum_{i=1}^{l} \left(f(x^i) - \frac{1}{l} \sum_{i=1}^{l} f(x^i) \right)^2 \right]^{0.5} \,.$$

Ist $F < \epsilon$, dann ist x^l die Lösung mit $f(x^l)$. Stopp. Sonst gehe zu S1.

Das C++ Programm „erwpoly.h" realisiert diesen Algorithmus.

Beispiel 8.2 Als Optimierungsproblem wird wiederum die Aufgabe aus Abschnitt 7.1 gewählt. Diese Aufgabe wird wie in Abschnitt 8.1 erst mit unteren und oberen Schranken behandelt und dann um eine Ungleichungsnebenbedingung erweitert. Damit soll es möglich sein, das erweiterte Polytopverfahren mit dem einfachen Polytopverfahren und dem Verfahren der adaptiven Zufallssuche zu vergleichen. Es sei die folgende Funktion zu minimieren:

$$f(x) = x_1^4 - 2x_1^3 + x_2^2 + x_1^2 x_2^2 - 4x_1 x_2 + 3$$

bei

$$-2 \leq x_i \leq 8 \, , \quad i = 1, 2 \, .$$

Der Startpunkt ist wie bisher $x^0 = (3, 4)^{\mathrm{T}}$ und die Abbruchschranke $\epsilon = 10^{-6}$. Als Lösung erhält man nach 67 Zielfunktionswertberechnungen

$$x^l = (1.6003, -0.906\,05)^{\mathrm{T}}$$

mit dem Zielfunktionswert $f(x^l) = -1.514\,61$. Im Vergleich zum Verfahren der adaptiven Zufallssuche konnte die Anzahl der notwendigen Zielfunktionswertberechnungen von 124 auf 67 gesenkt werden, wobei ein besserer Funktionswert erreicht werden konnte. Im weiteren sei die obige Aufgabe betrachtet, erweitert um die Ungleichung

$$-4x_1 - 5x_2 + 20 \leq 0 \, . \tag{8.19}$$

Der Startpunkt ist wiederum $x = (3, 4)^{\mathrm{T}}$ und die Abbruchschranke $\epsilon = 10^{-4}$. Man erhält nach 50 Funktionswertberechnungen die Näherungslösung

$$x^l = (1.169\,12, 3.064\,80)^{\mathrm{T}} \tag{8.20}$$

mit dem Zielfunktionswert $f(x^l) = 9.571\,55$. Dieses Verfahren kann natürlich auch in gleicher Weise einfach nichtlineare Nebenbedingungen berücksichtigen. Das Beispiel wurde unter „C:\optisoft\examples\c8130erpoly.cpp" gespeichert.

8.2.3
Weiterführende Bemerkungen

Da das erweiterte Polytopverfahren den Anfangspolytop zufällig um den Startpunkt aufbaut, besteht eine hohe Wahrscheinlichkeit, dass die globale Lösung erreicht wird. Führt die Zufallsuche des Anfangssimplex nicht zum Ziel, kann die Anzahl der Suchschritte erzeugt werden oder das Verfahren wird neu gestartet und die Eckpunkte werden manuell eingegeben. Neben dieser positiven Eigenschaft erkennt man jedoch, wenn man den Lösungsverlauf analysiert, dass das Verfahren mit Annäherung an das Minimum an Effektivität verliert. Es bietet sich also an, dieses Verfahren mit einem gut lokal konvergenten Verfahren zu kombinieren. Das erweiterte Polytopverfahren wird sehr häufig für die Lösung von ingenieurtechnischen Problemen verwendet. Es ist ein zuverlässiges und robustes Lösungsverfahren für Optimierungsprobleme mit nicht differenzierbaren Zielfunktionen und Nebenbedingungen. Numerische Experimente lassen es zweckmäßig erscheinen, die Unzulässigkeit eines Startpunktes im Programm anzuzeigen.

8.3 Das Schnittebenenverfahren

8.3.1 Grundlagen des Verfahrens

Das Schnittebenenverfahren von Kelley [29] dient zur Lösung der nichtlinearen Optimierungsaufgabe

$$\begin{aligned} & f(x) = c^{\mathrm{T}} x = \min! \\ & \text{bei} \quad x \in G = \{x \in R^n : g_i(x) \le 0\,, \quad i = 1, \ldots, m\} \end{aligned} \tag{8.21}$$

mit konvexen Funktionen $g_i(x)$, $i = 1, \ldots, m$. Es wird davon ausgegangen, dass ein Polyeder P_0 mit $G \subset P_0$ bekannt ist. Im vorliegenden C++-Programm ist dies ein Würfel mit der einzugebenden Seitenlänge A:

$$P_0 = \{x \in R^n : 0 \le x_i \le A\,, \quad i = 1, \ldots, n\}\ .$$

Gegebenenfalls kann dies durch eine Transformation des Problems erreicht werden.

Der Grundgedanke des Schnittebenenverfahrens besteht in der Approximation des zulässigen Bereichs mithilfe von Tangentialhyperebenen an den Graphen der erzeugenden konvexen Funktionen. Liegt ein Polyeder P_k $(k \ge 0)$ vor, so stellt die Minimierung der Funktion $f(x) = c^{\mathrm{T}} x$ über P_k eine lineare Optimierungsaufgabe dar, welche x^k liefert. Der in x^k unter Verwendung von $g_{i_k}(x)$ mit

$$g_{i_k}(x^k) = \max_i g_i(x^k)$$

erzeugte Halbraum

$$H_k = \left\{ x \in R^n : g_{i_k}(x^k) + \left(\nabla g_{i_k}(x^k)\right)^{\mathrm{T}} (x - x^k) \le 0 \right\}$$

wird mit P_k geschnitten, und wir erhalten P_{k+1}. Die so entstehende Folge von Polyedern $\{P_k\}$ besitzt die Eigenschaft

$$G \subset P_{k+1} \subset P_k \subset \ldots P_1 \subset P_0\ ,$$

woraus sich für die Folge von Näherungslösungen $\{x^k\}$

$$c^{\mathrm{T}} x^k \le c^{\mathrm{T}} x^{k+1} \le c^{\mathrm{T}} x^*$$

ergibt. Da außerdem für den Fall, dass x^k keine Lösung der Aufgabe (8.34) ist, $x^k \in G$ gilt, ergibt sich $x^k \in H_k$ und damit $x^k \in P_{k+1}$. Diese Tatsache wird beim Beweis der Aussage ausgenutzt, dass für $x^k \notin G\ \forall k$ jeder Häufungspunkt von $\{x^k\}$ Lösung der Aufgabe (8.21) ist. Das Prinzip des Verfahrens ist aus Abb. 8.1 ersichtlich.

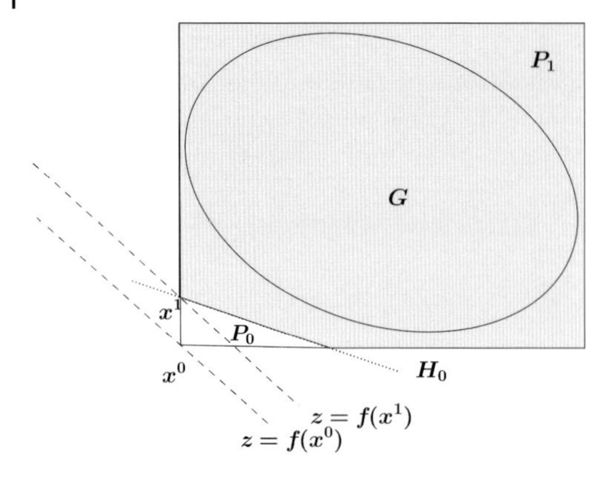

Abb. 8.1 Prinzip des Schnittebenenverfahrens. Mit freundlicher Genehmigung des GeoGebra-Instituts Linz unter Verwendung der Software GeoGebra bereitgestellt.

8.3.2 Aufbau des Algorithmus

S0: Wähle $A > 0$ und $\epsilon > 0$.
Setze $P_0 = \{x \in R^n : 0 \leq x_i \leq A,\ i = 1, \ldots, n\}$ und $k = 0$.

S1: Berechne x^k als eine Lösung der linearen Optimierungsaufgabe

$$f(x) = c^{\mathrm{T}} x = \min! \quad \text{bei} \quad x \in P_k \,. \tag{8.22}$$

S2: Ermittle μ_k und i_k gemäß

$$\mu_k = \max_i g_i(x^k) = g_{i_k}(x^k) \,.$$

S3: Falls $\mu_k \leq \epsilon$ ist, setze $x^* = x^k$. Stopp.

S4: Bestimme

$$H_k = \left\{ x \in R^n : g_{i_k}(x^k) + \nabla g_{i_k}(x^k)^{\mathrm{T}}(x - x^k) \leq 0 \right\} \quad \text{und} \quad P_{k+1} = P_k \cap H_k \,.$$

Setze $k = k + 1$ und gehe zu S1.

Das C++-Programm „cut.h“ realisiert den vorgestellten Algorithmus.

Beispiel 8.3 Gesucht ist die Lösung der nichtlinearen Optimierungsaufgabe

$$f(x) = -x_1 - x_2 = \min!$$
$$\text{bei} \quad g(x) = (x_1 - 2)^2 + (x_2 - 2)^2 - 1 \leq 0 \,;$$
$$x_i \geq 0 \quad (i = 1, 2) \,.$$

Die Koeffizienten der Zielfunktion sind ebenso wie die Schranken für das Anfangspolyeder

$$P_0 = \{x : 0 \leq x_j \leq 10, j = 1, 2\}$$

Eingangsgrößen. Die Rechnung wird beendet, falls

$$\max_i g_i(x^k) \leq \epsilon$$

oder die maximale Iterationszahl erreicht ist. Mit einer vorgegebenen Genauigkeit von $\epsilon = 0.001$ wurde nach 17 Iterationen die Näherung

$$x^{17} = (2.71361, 2.70111)^{\mathrm{T}}$$

mit dem Zielfunktionswert $f(x^{17}) = -5.41472$ erreicht. Die exakte Lösung ist

$$x^* = (2.70711, 2.70711)^{\mathrm{T}}$$

mit dem Zielfunktionswert $f(x^*) = -5.41421$.
Das Beispiel wurde unter „C:\optisoft\examples\c8331cut.cpp" gespeichert.

8.3.3 Weiterführende Bemerkungen

Liegt eine Optimierungsaufgabe mit nichtlinearer Zielfunktion $f(x)$ vor, so wird durch die Transformation

$$x_{n+1} = \min! \quad \text{bei} \quad f(x) - x_{n+1} \leq 0\,, \quad x \in G$$

ein Problem der Gestalt (8.21) erzeugt. Dies soll an folgendem einfachen Beispiel verdeutlicht werden: Zu maximieren ist die Funktion

$$\frac{x_1^2 - 10x_1 + 25}{5} - 9\,.$$

Die Transformation in den R^2 liefert das Optimierungsproblem

$$-x_2 = \min! \quad \text{bei} \quad x_2 - \frac{x_1^2 - 10x_1 + 25}{5} - 9 \leq 0\,.$$

Mit den Schranken $0 \leq x_i \leq 10$ erhält man nach 8 Iterationsschritten die Lösung $x_1 = 5.03906, x_2 = 9.00068$, der Zielfunktionswert beträgt $z = -9.00086$. Die ersten konstruierten Hyperebenen sind in Abb. 8.2 dargestellt.

Das Beispiel wurde unter „C:\optisoft\examples\c8341cut.cpp" gespeichert. Die während des Schnittebenenverfahrens entstehende lineare Optimierungsaufgabe (8.22) kann in Abänderung des vorliegenden C++-Programms mit dem dualrevidierten Simplexverfahren gelöst werden. Hieraus ergibt sich der Vorteil, das Hinzufügen einer neuen Restriktion ohne Komplikationen realisieren zu können. Die Konstruktion eines Polyeders P_0 und das Weglassen von linearen Restriktionen wird bei Richter [31] erörtert. Auf eine Realisierung der darin enthaltenen Vorschläge wurde im vorliegenden C++-Programm aus Platzgründen verzichtet. Die Modifikationen für die Wahl des Linearisierungspunktes nach Kleibohm [32], Topkis [33] und anderen Autoren bringen in praktischen Tests keine Steigerung

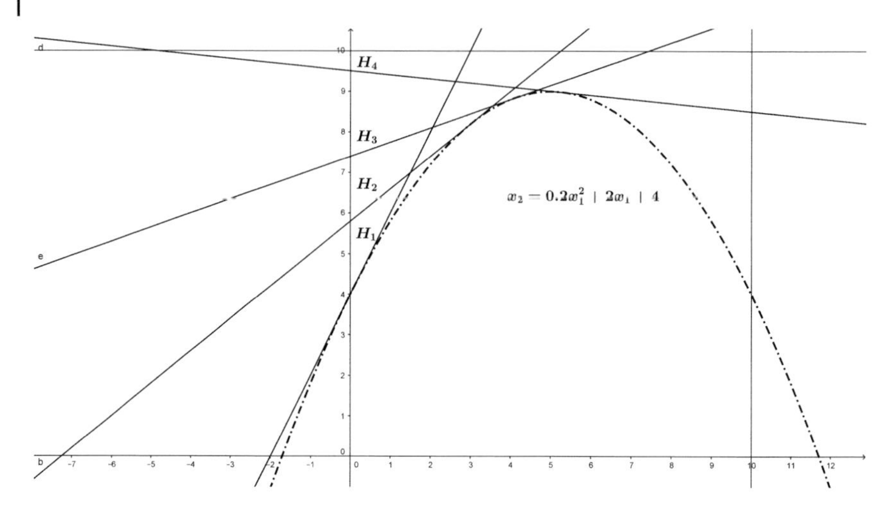

Abb. 8.2 Lösung des transformierten Problems. Mit freundlicher Genehmigung des GeoGebra-Instituts Linz unter Verwendung der Software GeoGebra bereitgestellt.

der Effektivität. Theoretisch kann höchstens lineare Konvergenz des Verfahrens erwartet werden. Auf den Zusammenhang mit sequenziellen Sekantenverfahren wird in [31] verwiesen.

8.4 Das SQP-Verfahren

8.4.1 Grundlagen des Verfahrens

Das Verfahren der Sequenziellen Quadratischen Programmierung (SQP-Verfahren) wurde zunächst von Wilson 1963 beschrieben. Seine Herkunft aus dem englischsprachigen Raum erklärt auch seinen Namen: Programmierung steht dort auch für Optimierung. Das Verfahren dient zur Bestimmung eines Karush-Kuhn-Tucker-Punktes $z^* = (x^*, u^*)$ der nichtlinearen Optimierungsaufgabe

$$f(x) = \min! \quad \text{bei} \quad g_i(x) \le 0 \,, \quad i = 1, \ldots, m \,. \tag{8.23}$$

Ein solcher Punkt ist dadurch gekennzeichnet, dass für ihn die folgenden Gleichungen und Ungleichungen erfüllt sind (Karush-Kuhn-Tucker-Bedingungen):

$$\begin{aligned} &\nabla_x L(x, u) = 0 \quad g_i(x) \le 0 \,, \quad i = 1, \ldots, m \,, \\ &u_i \ge 0 \,, \quad i = 1, \ldots, m \,, \quad g_i(x) u_i = 0 \,, \quad 1 = 1, \ldots, m \,, \end{aligned} \tag{8.24}$$

wobei

$$L(x, u) = f(x) + \sum_{i=1}^{m} u_i g_i(x)$$

die zu (8.23) gehörende Lagrange-Funktion ist. Das System (8.24) stellt notwendige Optimalitätsbedingungen für die Aufgabe (8.23) dar, d. h. es gilt:
Ist x^* Lösung der Aufgabe (8.23), so existiert ein Vektor u^*, sodass $z^* = (x^*, u^*)$ den Beziehungen (8.24) genügt.

Eine bezüglich des Teilvektors x erfolgende Linearisierung der nichtlinearen Funktion in (8.24) in der vorliegenden Näherung $z^k = (x^k, u^k)$ eines Karush-Kuhn-Tucker-Punktes $z^* = (x^*, u^*)$ führt auf notwendige Optimalitätsbedingungen für die folgende quadratische Optimierungsaufgabe:

$$\begin{aligned} &\nabla f(x^k)^{\mathrm{T}}(x - x^k) + \frac{1}{2}(x - x^k)^{\mathrm{T}} L_{xx}(x^k, u^k)(x - x^k) = \min! \\ &g_i(x^k) + \nabla g_i(x^k)^{\mathrm{T}}(x - x^k) \le 0 \,, \quad i = 1, \ldots, m \,. \end{aligned} \tag{8.25}$$

Unter Verwendung eines Karush-Kuhn-Tucker-Punktes $w^k = (y^k, v^k)$ von (8.24) bestimmt man $z^{k+1} = (x^{k+1}, u^{k+1})$. Im vorliegenden C++-Programm „wilson.h“ erfolgt dies wie in der Originalversion gemäß

$$z^{k+1} = w^k \,.$$

Dann wiederholt man die Linearisierung. Das SQP Verfahren (oft auch Wilson-Verfahren genannt) hat sich als eine sehr leistungsfähige Methode zur Lösung nichtlinearer Optimierungsaufgaben erwiesen. Aus der Interpretation als Newton-Verfahren zur Bestimmung einer Lösung von (8.23) resultiert die lokale quadratische Konvergenz des Verfahrens (vgl. Robinson [10, 34]).

8.4.2 Aufbau des Algorithmus

S0: Wähle einen Punkt $z^0 = (x^0, u^0)$ sowie eine Abbruchschranke $\epsilon > 0$.
S1: Bestimme $w^k = (y^k, v^k)$ als Kuhn-Tucker-Punkt der quadratischen Optimierungsaufgabe

$$\begin{aligned} &\nabla f(x^k)^{\mathrm{T}}(x - x^k) + \frac{1}{2}(x - x^k)^{\mathrm{T}} L_{xx}(z^k)(x - x^k) = \min! \\ &g_i(x^k) + \nabla g_i(x^k)^{\mathrm{T}}(x - x^k) \le 0 \,, \quad i = 1, \ldots, m \,. \end{aligned} \tag{8.26}$$

S2: Falls

$$\|w^k - z^k\| < \epsilon \,,$$

setze $z^* = w^k$. Stopp.
S3: Setze $z^{k+1} = w^k$ und $k = k + 1$, und gehe zu S1.

Das vorliegende C++-Programm „wilson.h“ realisiert diesen Algorithmus unter Verwendung des Fletcher-Verfahrens der quadratischen Optimierung.

Beispiel 8.4 Gesucht ist das Minimum der Funktion

$$f(x) = (x_1 - 4)^2 + (x_2 - 4)^2 ,$$

bei $g(x) = x_1^2 + x_2^2 - 1 \leq 0$.
Mit dem Startpunkt $z^0 = (x^0, u^0) = (1, 1, 1)$ wurde nach 4 Iterationsschritten die Näherung $z^4 = (0.707\,11, 0.707\,11, 4.664\,87)$ erreicht.
Der Zielfunktionswert beträgt $f(x^4) = 21.6863$.
Die exakte Lösung der Aufgabe ist der Punkt $x^* = (0.707\,11, 0.707\,11)^T$ mit dem minimalen Zielfunktionswert $f(x^*) = 21.6863$. Das Beispiel wurde unter „C:\optisoft\examples\c8432wilson.cpp“ gespeichert.

8.4.3
Weiterführende Bemerkungen

Eine ganze Reihe von Arbeiten zum SQP-Verfahren beschäftigen sich mit der Approximation der Hesse-Matrix der Lagrange-Funktion [17, 35]. Die vorgeschlagenen Modifikationen beinhalten Rang-Eins-Aufdatierung bzw. konsistente Approximationen. Sie können durch geringfügige Änderungen des vorliegenden C++-Programms realisiert werden (vgl. Kapitel 7). Die lokale überlineare Konvergenz des Verfahrens bleibt erhalten. Die Konvergenz von einem beliebigen Startpunkt aus kann durch eine Globalisierungsvorschrift erreicht werden. Auf diese Problematik wird im Kapitel 9 eingegangen. In der Endphase des Wilson-Verfahrens bleibt unter bestimmten Bedingungen die Menge der aktiven Restriktionen der quadratischen Teilprobleme konstant. Sie stimmt dann mit der Menge der aktiven Restriktionen im Optimalpunkt überein. Hieraus resultiert die Möglichkeit, lokal nur noch lineare Gleichungssysteme zu betrachten. Dies führt auf die Behandlung von Gleichungssystemen in der Endphase der Rechnung.

8.5
Das erweiterte Newton-Verfahren

8.5.1
Grundlagen des Verfahrens

Bei dem in diesem Abschnitt vorgeschlagenen Verfahren zur Lösung der Aufgabe

$$f(x) = \min! \quad \text{bei} \quad g_i(x) \leq 0 \, , \quad i = 1, \ldots, m \tag{8.27}$$

geht man ebenfalls von den Kuhn-Tucker-Bedingungen aus. Ein Teil dieses Systems von Gleichungen und Ungleichungen,

$$\begin{aligned} &\nabla_x L(x, u) = \nabla f(x) + \sum_{i=1}^{m} \nabla g_i(x) = 0 \,, \\ &u_i \geq 0 \,, \quad i = 1, \ldots, m \,, \\ &g_i(x) \leq 0 \,, \quad i = 1, \ldots, m \,, \\ &u_i g_i = 0 \,, \quad i = 1, \ldots, m \end{aligned} \tag{8.28}$$

wird durch Einführung von Schlupfvarianten $t = (t_l, \ldots, t_m)^{\mathrm{T}}$ in ein nichtlineares Gleichungssystem verwandelt:

$$\begin{aligned} &\nabla f(x) + \sum_{i=1}^{m} \nabla g_i(x) = 0 \,, \\ &g_i(x) + t_i = 0 \,, \quad i = 1, \ldots, m \,, \\ &u_i t_i = 0 \,, \quad i = 1, \ldots, m \,. \end{aligned} \tag{8.29}$$

Bei der Behandlung von (8.29) ist dann „nur" darauf zu achten, dass lediglich Lösungen interessieren, welche den zusätzlichen Bedingungen

$$u_i \geq 0 \,, \quad i = 1, \ldots, m \quad \text{und} \quad t_i \geq 0 \,, \quad i = 1, \ldots, m \tag{8.30}$$

genügen. Hierfür wird für die durch Schrankennebenbedingungen speziell restringierten nichtlinearen Gleichungssysteme (8.29) und (8.30) das Newton-Verfahren zur Lösung von (8.28) gerade so modifiziert, dass ausgehend von positiven Startwerten u_i^0 $(i = 1, \ldots, m)$ und t_i^0 $(i = 1, \ldots, m)$, die Nichtnegativitätsbedingung erhalten bleibt. Mit $t^* = -g(x^*)$ erreicht man unter den Standardvoraussetzungen für einen Kuhn-Tucker-Punkt $(x^*, u^*)^{\mathrm{T}}$

- die Vektoren $\nabla g_i(x^*)$ sind linear unabhängig für $i \in I$,
- aus $t_i^* = 0$ folgt $u_i^* > 0$ (strenge Komplementaritätsbedingung),
- $y^{\mathrm{T}} L_{xx}(x^*, u^*) y > 0$ für $y \neq 0$ mit $y^{\mathrm{T}} \nabla g_i(x^*) = 0$ $(i \in I)$ (hinreichende Kuhn-Tucker-Bedingungen 2. Ordnung),

lokal 2-Schritt-quadratische Konvergenz, d. h. bei hinreichend nahe an $(x^*, u^*, t^*)^{\mathrm{T}}$ gelegenen Startpunkten x^0, u^0 besitzt die erzeugte Folge von Iterierten $\{z^k\} = \{x^k, u^k\}$ die Eigenschaft, dass

$$\|z^{k+2} - z^*\| \leq C \|z^k - z^*\|^2$$

gilt.

8.5.2
Aufbau des Algorithmus

S0: Wähle $\epsilon > 0$ und Startvektoren x^0, $u_i^0 > 0$, $t_i^0 > 0$, $i = 1, \dots, m$. Setze $k = 0$.
S1: Setze $I_k = \{i \in \{1, \dots, m\} : u_i^k > \epsilon$ oder $t_i^k = 0\}$.
Bestimme s^k, $p^k = (p_i^k)$ mit $i \in I^k$ als Lösung des Gleichungssystems

$$\begin{pmatrix} H_k : A_k \\ A_k^{\mathrm{T}} : D_k \end{pmatrix} \begin{pmatrix} s \\ p \end{pmatrix} = \begin{pmatrix} L_x(x^k, u^k) \\ \bar{g} \end{pmatrix} = 0 ,$$

wobei $H_k = H(x^k, u^k) = L_{xx}(x^k, u^k)$ ist und die Matrix A_k die Gradienten der Restriktion enthält, deren Indizes i zu I_k gehören:

$$A_k = (\dots, \nabla g_i(x^k)\dots) , \tag{8.31}$$

Außerdem ist hierbei

$$\bar{g}_i{}^k = \left(g(a_{jk}) - t_i^k\right) \quad D_k = \operatorname{diag}(\bar{t}^k) , \tag{8.32}$$

wobei die Komponenten von $\bar{t}^k$ berechnet werden aus $(\bar{t})_i^k = t_i^k / u_i^k$ $(i \in I_k)$.
S2: Falls $\|s^k\| \le \epsilon$, setze $x^* = x^k$. Stopp.
S3: Setze $x^{k+1} = x^k + s^k$ und für $i \in I_k$:

$$u_i^{k+1} = u_i^k \left(1 + \frac{p_i^k}{2u_i^k}\right)^2 , \quad t_i^{k+1} = t_i^k \left(\frac{p_i^k}{2u_i^k}\right)^2 . \tag{8.33}$$

S4: Setze für $i \notin I_k$:

$$q_i^k = -\left(s^{\mathrm{T}} \nabla g_i(x^k) + g_i(x^k) + t_i^k\right)$$

und

$$u_i^{k+1} = u_i^k \left(\frac{q_i^k}{2t_i^k}\right)^2 , \quad t_i^{k+1} = t_i^k \left(1 + \frac{q_i^k}{2t_i^k}\right)^2 .$$

S5: Setze $k = k + 1$ und gehe zu S1.

Die C++-Headerdatei „erwnewton.h“ realisiert diesen Algorithmus.

Beispiel 8.5 Mit dem erweiterten Newton-Verfahren wurde eine Näherungslösung für einen Kuhn-Tucker-Punkt des Rosen-Suzuki-Problems

$$\begin{aligned} f(x) &= x_1^2 + x_2^2 + 2x_3^2 + x_4^2 - 5x_l - 5x_2 - 21x_3 + 7x_4 = \min! \quad \text{mit} \\ g_l(x) &= x_l^2 + x_2^2 + x_3^2 + x_4^2 + x_l - x_2 + x_3 - x_4 - 8 \le 0 , \\ g_2(x) &= x_l^2 + x_2^2 + x_3^2 + 2x_4^2 - x_l - x_2 - x_4 - 10 \le 0 , \\ g_3(x) &= 2x_l^2 + x_2^2 + x_3^2 + 2x_1 - x_2 - x_4 - 5 \le 0 \end{aligned}$$

ermittelt. Der exakte Lösungspunkt ist $x^* = (0,1,2,-1)^T$; der Vektor der zugehörigen dualen Variablen lautet $u^* = (1.0, 2)^T$. Die Zielfunktion besitzt in x^* den Wert $f(x^*) = -44.0$. Begonnen wurde die Rechnung im Punkt $(x^0, u^0, t^0)^T = (0,0,0,0,1,1,1,1,1,1)^T$, und nach 9 Iterationen mit der exakten Lösung beendet. Dabei war $\epsilon = 10^{-4}$. Das Beispiel wurde unter „C:\optisoft\examples\c8532ernewton.cpp" gespeichert.

8.5.3 Weiterführende Bemerkungen

Die Transformation von Optimierungsaufgaben in nichtlineare Gleichungssysteme durch das Einführen von Schlupfvariablen ist seit längerer Zeit bekannt (vgl. z. B. [36]). Die hier gewählte Möglichkeit ist wegen der Steuerung der Komponenten des Vektors t bemerkenswert. Sie wurde in [37] publiziert. Außerdem ist bemerkenswert, dass sich das erweiterte Newton-Verfahren zur Optimierung als eine Kombination von Aktive-Restriktionen-Strategie und Regularisierungsmethode interpretieren lässt. Da auf beiden Gebieten in der Vergangenheit eine ganze Reihe von Publikationen erschienen sind, ist mit einer beachtenswerten Weiterentwicklung der dargestellten Vorgehensweise zu rechnen. Interessierende Fragen sind hierbei die Abschwächung der Konvergenzvoraussetzungen und die Globalisierung des Verfahrens. Ferner spielen dabei alternative Ersetzungen der Bedingungen (8.38) durch sogenannte NCP-Funktionen (z. B. die Fischer-Burmeister-Funktion) eine Rolle (Fischer [38]). Dieser Zugang zur Lösung von (8.29) und (8.30) ist unter schwächeren Voraussetzungen auch im Fall nichtisolierter Karush-Kuhn-Tucker-Punkte verwendbar (Faccinei *et al.* [39]).

8.6 Verfahren mit Straf- und Barrierefunktionen

8.6.1 Grundlagen des Verfahrens

Klassische Verfahren mit Straf- und Barrierefunktionen lösen die Aufgabe

$$f(x) = \min! \quad \text{bei} \quad x \in G = \left\{x \in R^n; g_i(x) \le 0\,, \quad i \in I = \{i : i = 1, \dots, m\}\right\} \tag{8.34}$$

dadurch, dass eine Folge von Minimierungsproblemen ohne Nebenbedingungen behandelt wird. Bei diesen Problemen ändert man die Zielfunktion derart ab, dass durch hinzugefügte Strafterme das Verletzen gewisser Nebenbedingungen bestraft wird und man durch hinzugefügte Barriereterme das Erfülltsein der restlichen Nebenbedingungen erzwingt. Ein Beispiel für eine Familie solcher Straf-

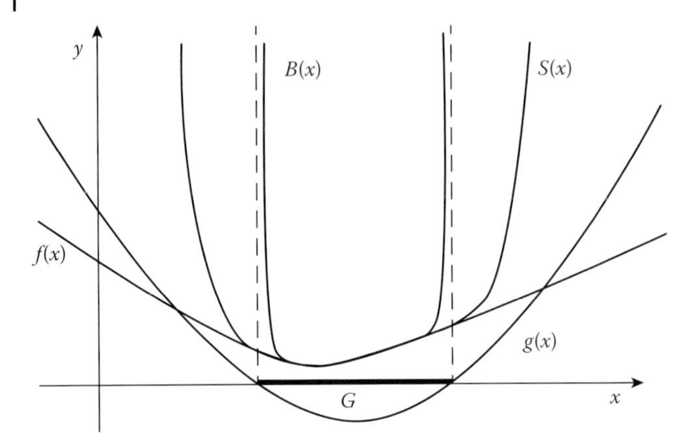

Abb. 8.3 Prinzip der Straf-Barriere-Verfahren. Mit freundlicher Genehmigung des GeoGebra-Instituts Linz unter Verwendung der Software GeoGebra bereitgestellt. $B(x)$ – prinzipielle Gestalt einer Barrierefunktion, $S(x)$ – prinzipielle Gestalt einer Straffunktion.

Barriere-Funktionen ist

$$E(x, r) = f(x) + r \sum_{i \in I_S} \max(0, g_i(x)) + \frac{1}{r} \sum_{i \in I_B} \left(-\frac{1}{g_i(x)} \right) , \tag{8.35}$$

welche vom Parameter r abhängt. Die Zusammenhang zwischen den Vorfaktoren r und $1/r$ ist nicht zwingend. Deshalb werden im Folgenden die Vorfaktoren r_S und r_B verwendet. Hängen diese Faktoren noch vom Iterationsindex k ab, so wird dies durch $r_{S,k}$ bzw. $r_{B,k}$ gekennzeichnet. Für die Indexmengen I_S und I_B als Teilmengen von I gilt $I_S \cap I_B$ und $I_S \cup I_B = I$. Für $m = n = 1$ und $I_S = \emptyset$ bzw. $I_B = \emptyset$ sind Ausgangsproblem und zugehörige Straf-Barriere-Funktionen beispielhaft in Abb. 8.3 dargestellt.

Ausgehend von einem Startpunkt x^0 mit $g_i(x^0) < 0$ wird der Iterationspunkt x^{k+1} dadurch ermittelt, dass man die Aufgabe

$$E(x, r_k) = \min! \tag{8.36}$$

mit dem Startpunkt x^k näherungsweise löst und anschließend $r_{k+1} = c * r_k$ mit $c > 1$ setzt. Zur besseren Berücksichtigung von Straf- bzw. Barriereeinfluss wird oft, so auch im folgenden, zwischen Strafparameter r_{S_k} und Barriereparameter r_{B_k} unterschieden. Es wird also anstelle von (8.36)

$$E(x, r_S, r_B) = f(x) + r_S \sum_{i \in I_S} \max(0, g_i(x)) - r_B \sum_{j \in J_B} (g_j(x))^{-1} \tag{8.37}$$

verwendet. Von der erzeugten Folge $\{x^k\}$ kann gezeigt werden, dass sie unter Standardvoraussetzungen gegen eine Lösung x^* der Aufgabe (8.34) konvergiert. Die skizzierte Vorgehensweise hat den Nachteil, dass die Parameterfolgen $\{r_{S_k}\}$ und $\{r_{B_k}\}$ gegen Unendlich bzw. gegen Null streben. Dies bringt Probleme in der numerischen Behandlung von (8.36) mit sich. Deshalb sind Modifikationen sinnvoll, welche schon für endliche Parameterwerte r_B eine beliebig genaue Annäherung an die Lösung in (7.45) erlauben. Die auf der Proximal-Point-Idee [40] beruhende Shifting-Technik betrachtet hierzu gestörte Probleme der Form

$$f(x) = \min! \quad \text{bei} \quad g_i(x) - v_i \leq 0\,, \quad i = 1, \ldots, m \tag{8.38}$$

und ändert nicht nur die Parameter r_B und r_S, sondern auch den Störungsvektor v. Es werden also Teilprobleme der Form

$$E\left(x, v^k, r_{S,k}, r_{B,k}\right) = f(x) + S_B + S_S \tag{8.39}$$

mit

$$S_B = r_{B,k} \sum_{i \in I_B} \left(-\frac{1}{g_i(x) + v_i^k} \right) \quad \text{und} \quad S_S = r_{S,k} \sum_{i \in I_S} \max\left(0, g_i(x) + v_i^k\right)$$

betrachtet. Hierbei können die Werte $r_{S,k}$ bzw. $r_{B,k}$ für eine Reihe von Teilproblemen konstant bleiben, während sich die Störungen v^k ändern. Auf der dargestellten Shifting-Technik beruht die im C++-Programm vorliegende Implementierung. Ausgehend von Anfangsbelegungen $r_{S,0} = 10$ und $r_{B,0} = 0.1$ werden zwei Situationen unterschieden:

1. Es werden Straf-Barriere-Parameter und Störungen geändert. Dann ergibt sich

$$r_{B,k+1} = 0.1 * r_{B.b} \quad r_{S,k+1} = 10 * r_{S,k} \quad v_i^{k+1} = 0.1 * v_i^k\,. \tag{8.40}$$

2. Es wird nur die Störung geändert. Man erhält:

$$\begin{aligned} r_{B,k+1} &= r_{B,b} \quad r_{S,k+1} = r_{S,k} \\ v_i^{k+1} &= v_i^k + g_i(x^k) \quad \text{für} \quad i \in I_B \\ v_i^{k+1} &= \max\left(0, v_i^k + g_i(x^k)\right) \quad \text{für} \quad i \in I_S\,. \end{aligned}$$

Die Einteilung der Indexmengen I_S und I_B ist vom Nutzer des Programms selbst vorzugeben, desgleichen die Anzahl der zu jedem Störungsparameter zu lösenden gestörten Probleme. Zur Behandlung der Minimierungsaufgabe ohne Nebenbedingungen wird die Rang-Eins-Aufdatierung genutzt, welche im Kapitel 7 beschrieben ist.

8.6.2 Der Algorithmus

S0: Wähle einen Startpunkt $x^0 \in R$, ein $\epsilon > 0$ und Indexmengen I_B und I_S mit $g_i(x^0) < 0$ für $i \in I_B$ sowie Parameter $r_{B,0}$ und $r_{S,0}$ und Störungen v_i^0 $(i = 1, \ldots, m)$. Gib eine Zahl p von Teilproblemen vor, die zu festen Straf- und Barriereparametern gelöst werden. Setze $t = 0$, $k = 0$.

S1: Setze $t = t + 1$.
S2: Ermittle ausgehend von x^k den Punkt x^{k+1} als Minimum der Funktion (8.39).
S3: Wenn $|E(x^{k+1}, v^k, r_{S,k}, r_{B,k}) - f(x^k)| \leq \epsilon$, dann ist $x^* = x^{k+1}$ Lösung. Stopp.
S4: Ist $t < p$, dann setze

$$\begin{aligned} v_i^{k+1} &= v_i^k + g_i(x^k) \quad (i \in I_B) \\ v_i^{k+1} &= \max\left(0, v_i^k + g_i(x^k)\right) \quad (i \in I_S) . \end{aligned} \tag{8.41}$$

S5: Wenn $t = p$, setze

$$\begin{aligned} v_i^{k+1} &= 0.1 v_i^k , \\ r_{B,k+1} &= 0.1 r_{B,k} , \\ r_{S,k+1} &= 10 r_{S,k} , \\ t &= 0 . \end{aligned} \tag{8.42}$$

S6: Setze $k = k + 1$ und gehe zu S1.

Die C++-Headerdatei „msb.h" realisiert diesen Algorithmus.

Beispiel 8.6 Gesucht ist das Minimum der Funktion

$$\begin{aligned} & f(x) = x_1^2 + x_2^2 , \\ \text{bei} \quad & g_1(x) = (x_1 - 2)^2 + (x_2 - 2)^2 - 1 \leq 0 \\ \text{und} \quad & g_2(x) = -x_2 + 1.5 \leq 0 . \end{aligned}$$

Mit dem Startpunkt $x_s = (2.0, 1.2)^T$ und der Abbruchgenauigkeit $\epsilon = 0.001$ wurde bei Verwendung des stochastischen Suchverfahrens nach 6 Iterationsschritten die Näherungslösung $x^6 = (1.139\,65, 1.507\,42)^T$ mit dem Funktionswert $f(x^6) = 3.571\,11$ erreicht. Die Nebenbedingungen sind mit $g_1 = -0.017\,162$ und $g_2 = -0.007\,42$ erfüllt. Das Beispiel wurde unter „C:\optisoft\examples\c8632msb.cpp" gespeichert.

8.6.3 Weiterführende Bemerkungen

Die Idee der Verwendung von Straffunktionen geht bereits auf Courant [41] zurück. Besonders durch das Buch von Fiacco und McCormick [36] im Jahr 1968 wurde eine intensive Untersuchung von Straf-Barriere-Methoden eingeleitet. Sie führte zu

- Multiplikator-Methoden (Powell [42])
- Verschiebungsmethoden (Wierzbicki [43])
- Proximal-Point-Algorithmen (Rockafellar [40])

Die dabei aufgezeigten Lösungstechniken zeichnen sich durch global robustes Verhalten aus, d. h. mit ihnen lassen sich auch relativ komplizierte Optimierungsaufgaben behandeln. Die Konvergenz ist lokal jedoch häufig ziemlich langsam.

Deshalb werden in vielen Implementierungen diese Methoden mit lokal überlinear konvergenten Methoden gekoppelt (siehe [44, 45]). Straftechniken haben auch für Optimierungsprobleme in allgemeineren mathematischen Räumen, z. B. Funktionenräumen Bedeutung. Eine Übersicht über Straf-Barriere-Methoden wird in [18] gegeben.

9
Globalisierung

Für die Globalisierung der in Kapitel 8 beschriebenen lokal überlinear konvergenten Methoden zur Lösung der Aufgabe (1.1) stellen wir die folgenden Techniken vor:

- Dämpfungs- und Regularisierungsmethoden
- hybride Methoden
- Einbettungsmethoden

Ein Teil der dabei erörterten Vorgehensweisen kann auch auf die Lösung unbeschränkter Verfahren übertragen werden.

9.1
Dämpfungs- und Regularisierungsmethoden

Analog zur Globalisierung der Newton-Methode der unbeschränkten Minimierung ist es für SQP-Methoden möglich, die Schrittweite in Bezug auf die primalen Variablen zu dämpfen, um globale Konvergenz zu erreichen: Mit der primalen Lösung w^k des k-ten quadratischen Teilproblems wird

$$x^{k+1} = x^k + \gamma_k(w^k - x^k)\,, \quad k = 1, 2, \ldots, \quad 0 \le \gamma_k \le 1$$

gesetzt. Für die Steuerung der Dämpfung wird häufig eine Hilfsfunktion verwendet, welche die Eigenschaft hat, dass die Richtung $p^k = w^k - x^k$ Abstiegsrichtung ist. Zu diesem Zweck kann die folgende Klasse von Straffunktionen verwendet werden:

$$S_{y,r}(x) = f(x) + \Theta_{y,r}(g(x)) \tag{9.1}$$

mit $g(x) = (g_1(x), \ldots, g_m(x))^{\mathrm{T}}$ und $\Theta y, r : R^m \to R$, wobei

$$\Theta_{y,r}(g(x)) = \inf_v \{\, y^{\mathrm{T}} v + r\alpha(v) | g(x) \ge v\} \tag{9.2}$$

ist. Hierbei besitzt die Funktion $\alpha : R^m \to R$ die folgenden Eigenschaften:

1. $\alpha(v)$ ist konvex
2. $\alpha(v) \geq 0 \; \forall v \in R^m$
3. $\alpha(v) = 0 \Leftrightarrow v = 0$
4. $\alpha(v) \to +\infty$ für $\|v\| \to \infty$

Zahlreiche Beispiele zeigen, dass die gerade erwähnte Klasse von Funktionen ziemlich umfangreich ist. Für

$$\alpha(v) = \|v\|_2^2 \tag{9.3}$$

erhält man

$$\Theta_{y,r}(g(x)) = \frac{((y + 2rg(x))_+)^2}{4r} - \frac{\|y\|_2^2}{4r} \,, \qquad r \geq 0 \,, \tag{9.4}$$

wobei $[y + 2rg(x)]_+ = \max\{y + 2rg(x), 0\}$ und $S_{y,r}$ eine Augmented-Lagrange-Funktion im Sinne von Rockafellar [62] ist. Setzt man

$$\alpha(v) = \|v\|_p \tag{9.5}$$

mit $p = 1$ oder $p = \infty$ und $y = 0$, so ergibt sich

$$\Theta_{0,r}(g(x)) = r\|[g(x)]_+\|_p, r \geq 0 \,, \tag{9.6}$$

und S_{0r} stellt eine nicht differenzierbare exakte Straffunktion dar. Schließlich liefert die Annahme

$$\alpha(v) = \frac{1}{4}\sum_{i=1}^{m} v_i^4 \quad \text{und} \quad y = 0 \,,$$

$$\Theta_{0,y} = \frac{r}{4}\sum_{i=1}^{m}([g_i(x)]_+)^4 \,, \tag{9.7}$$

eine zweimal stetig differenzierbare Straffunktion S_{0r}. Die Funktionen $S_{y,r}$, die in den Beispielen vorkommen, wurden wiederholt als Hilfsfunktionen für die Globalisierung von superlinear konvergenten Methoden verwendet, zum Beispiel (9.4) in Schittkowski [17], (9.6) in Pshenichnyi [46] und Kleinmichel *et al.* [23] und (9.7) in Han [35] und Kleinmichel *et al.* [45].

Um z. B. in SQP-Methoden sicherzustellen, dass die Richtung $p^k = x^{k+1} - x^k$ eine Abstiegsrichtung in Bezug auf $S_{y,r}$ ist, sind zusätzliche Annahmen bezüglich des Strafparameters $r > 0$ und der Variablen $y \in R^m$ erforderlich. Diese Frage wurde für den Fall (9.6) erörtert.

Nun werden wir eine anderen Zugang wählen und dabei in geringem Umfang von Begriffen aus der Dualitätstheorie Gebrauch machen. Der an Dualitätstheorie stärker interessierte Leser sei auf [48] verwiesen. Für die Funktion (9.1) wird das modifizierte Problem

$$\begin{aligned} &f(x^k) + \nabla f(x^k)^{\mathrm{T}}(x - x^k) + \beta_k(x - x^k) \\ &\quad + \Theta_{y,r}(f(x^k) + \nabla f(x^k)^{\mathrm{T}}(x - x^k)) = \min! \\ &\text{bei} \quad x \in R^n \end{aligned} \tag{9.8}$$

definiert, wobei die Funktion $\beta_k : R^n -> R$ derart gewählt wird, dass gilt:

- $\beta_k(d)$ ist eine konvexe Funktion,
- 0 liegt im inneren des Definitionsbereichs von β_k,
- $\beta_k(d) \geq 0$ für beliebiges $d \in R^n$,
- $\beta_k(d) = 0 \leftrightarrow d = 0$,
- $\beta_k(d) \to \infty$ für $\|d\| \to \infty$.

Damit gilt die folgende Behauptung (Bonnans und Gabay [49], Elster und Reinhardt [50]): Ist $d \neq 0$ eine Lösung des Problems (9.8), dann gilt für die Richtungsableitung $S'_{y,r}$ im Punkt x^k

$$S'_{y,r}(x^k; d) < 0 .$$

Das duale Problem zu (9.8) ist nach Elster und Reinhardt [50] von der Form

$$L(x^k, u) - \beta_k^* \left(-\nabla_x L(x^k, u)\right) - ra^* \frac{u - y}{r} = \max! \quad \text{für} \quad u \in R^m , \tag{9.9}$$

wobei a^* und β_k^* konjugierte Funktionen zu a bzw. β_k sind. L ist die zum Problem (1.1) gehörende Lagrange-Funktion. Es ist offensichtlich, dass, Problem (9.8) im Allgemeinen kein quadratisches Problem ist, während Problem (9.9), welches dual zu (9.8) in vielen Fällen diese Eigenschaft besitzt. Falls die Slater-Bedingung (2.1) erfüllt ist, kann aus der Lösung des Dualproblems (9.9) eine Lösung des ursprünglichen Problems (9.8) bestimmt werden. Damit kann der k-te Schritt der prinzipiellen Vorgehensweise formuliert werden:

1. Bestimme einen Kuhn-Tucker-Punkt (w^k, v^k) zum Problem (9.8) oder zum dualen Problem (9.9).
2. Bestimme mit einem geeigneten Algorithmus die Schrittweite γ_k derart, dass die Hilfsfunktion hinreichend stark absteigt.
3. Setze $x^{k+1} = x^k + \gamma_k(w^k - x^k)$ und wähle erneut eine Funktion β_k.

Es seien verschiedene Möglichkeiten der Auswahl von β_k angegeben:

- Wenn

$$\beta_k(d) = \frac{1}{2}\left(-d^{\mathrm{T}} H_k d\right) \tag{9.10}$$

mit positiv definiter Matrix H_k gewählt wird, ergibt sich

$$\beta_k^*(d) = \frac{1}{2}(d^*)^{\mathrm{T}} H_k^{-1} d^* ,$$

und Problem (9.9) hat die Form

$$\mu(u) = ra * \left(-\frac{u - y}{r}\right) = \max! \quad \text{bei} \quad u \in R^m \tag{9.11}$$

mit der quadratischen Funktion

$$\mu : R^m \to R , \quad \mu(u) = L(x^k, u) - \frac{1}{2}\nabla_x L(x^k, u)^{\mathrm{T}} H_k^{-1} \nabla_x L(x^k, u) .$$

- Die Wahl

$$\beta_k(d) = \frac{1}{2} d^\mathrm{T} H_k d + \psi_k(d) \tag{9.12}$$

mit positiv definiter Matrix H_k und der Indikatorfunktion $\psi_k : R^n \to R$ in Bezug auf die Kugel

$$B = \{d : \|d\| \leq s_k \quad s_k > 0\}$$

ermöglicht uns, eine sogenannte Trust-Region zu erhalten. Methoden, die dieses Prinzip für SQP-Verfahren realisieren, werden durch Fletcher [16] ausführlich beschrieben. Bernau [51] beschreibt eine modifizierte Version dieses Trust-Region-Zugangs, welcher besonders wirksam und robust ist.

- Setzen wir

$$\beta_k(d) = \frac{1}{2} d^\mathrm{T} H_k d + \lambda \|d\|_2^2$$

mit $\lambda_k > 0$ und nehmen wir an, dass H_k eine Näherung für die Hesse-Matrix der Lagrange-Funktion L ist. Dann ergibt sich

$$\beta_k(d) = \frac{1}{2} d^\mathrm{T} (H_k + \lambda_k I)^{-l} d ,$$

wobei I die Einheitsmatrix bedeutet. Es ist nicht schwer zu zeigen, dass in diesem Fall ein quadratisches Optimierungsproblem beschrieben wird. Der Ausdruck $\|d\|_2^2$ kann hier als eine Regularisierung des Problems (9.9) aufgefasst werden. Eine ausführliche Analyse der Regularisierung des Wilson-Verfahrens kann in Körner und Richter [24] nachgelesen werden.

Exemplarisch werden wir zwei Algorithmen betrachten, die aus einer speziellen Wahl der Funktionen a und β_k resultieren:.

Methode 1: Wählt man α gemäß (9.5) und β_k gemäß (9.10), so ergibt sich für $p = \infty$ und $y = 0$ eine Modifikation der Linearisierungsmethode von Pshenichnyi [46] und, für $p = 1$, $y = 0$, die Modifikation einer Methode, die von Han [35] vorgeschlagen wurde. Die Aufgabe (9.9), generiert unter Berücksichtigung von (9.11), ist ein quadratisches Optimierungsproblem der Form

$$\mu(u) = \text{max!} \quad \text{bei} \quad \|u\| \leq r , \quad u \geq 0 \tag{9.13}$$

mit $p^* = 1$ oder $p^* = \infty$.

Methode 2: Wählt man α wie in (9.3) verwendet und β_k gemäß (9.10), so ergibt sich ein Problem, das auf einer Lagrange-Funktion für das linearisierte Problem (8.26) beruht. Das Dualproblem (9.9) (zu 9.8) hat eine einfache Struktur

$$\mu(u) = \frac{1}{4r} \|u - y\|_2^2 = \text{max!} \quad \text{bei} \quad u \in R^n , \quad u \geq 0 , \tag{9.14}$$

und schließt einen Regularisierungsterm in Bezug auf die dualen Variablen ein. Offensichtlich gibt es eine enge Beziehung zum Proximal-Point-Algorithmus von Moreau/Rockafellar [52].

Die Zulässigkeit des Problems (9.8) ist eine bemerkenswerte Eigenschaft des Problems im Vergleich zum linearisierten Problem. Schittkowski [17] und Tone [53] schlagen andere Modifizierungen zur Garantie der Zulässigkeit des linearisierten Systems vor.

9.2 Hybride Methoden

In hybriden Methoden der Optimierung werden global konvergente Methoden mit einer lokal überlinear konvergenten Methode durch

1. eine Kombination von mehreren Abstiegsrichtungen (Powell [54], Richter [55]),
2. das Umschalten von einer Methode auf eine andere

kombiniert. Seit 1980 wurde das zweite Prinzip besonders intensiv studiert. Das Schema von Abb. 9.1 verdeutlicht das Grundprinzip.

Es wurde für hybride Methoden [23] bewiesen, dass nach einer begrenzten Zahl von Iterationen nur die lokal überlinear konvergente Methode zum Einsatz kommt. Als Beispiele für hybride Methoden können genannt werden:

- eine Kombination einer Strafmethode mit der Methode von Wilson (Kleinmichel *et al.* [45]),
- eine Kombination einer modifizierten Methode von zulässigen Richtungen mit der Methode von Wilson (Kleinmichel *et al.* [23]), Ishutkin und Schönefeld [56]).

Hybride Methoden für Parallelrechner sind in [57] entwickelt worden.

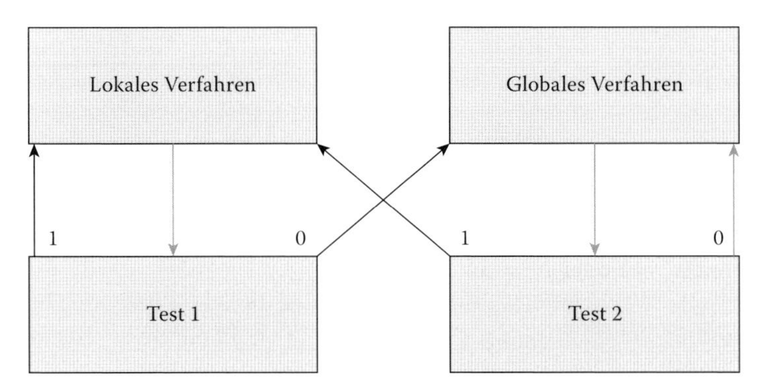

Abb. 9.1 Prinzip der hybriden Methoden. Mit freundlicher Genehmigung des GeoGebra-Instituts Linz unter Verwendung der Software GeoGebra bereitgestellt.

9.3 Einbettungsmethoden

Bei Einbettungsmethoden für die Globalisierung lokal überlinear konvergenter Methoden der nichtlinearen Optimierung wird Problem (1.1) als Element der Familie von Optimierungsproblemen

$$\begin{aligned} &f(x,p) = pf(x) + (1-p)\overline{f}(x) = \min! \\ &\text{bei} \quad g_i(x,p) = pg_i(x) + (1-p)\overline{g}_i(x) \le 0\,; \quad i = l,\ldots,m\,, \\ &p \in [0,1] \end{aligned} \tag{9.15}$$

betrachtet. Es wird vorausgesetzt, dass

- ein eindeutiger Karush-Kuhn-Tucker-Punkt $\overline{z}^0$ der Aufgabe

$$\overline{f}(x) = \min! \quad \text{bei} \quad \overline{g}_i(x) \le 0\,; \quad (i = l,\ldots,m) \tag{9.16}$$

  existiert und
- eine stetige Funktion $z(p)$ existiert, welche $\overline{z}^0 = z(0)$ mit $z(1) = z^*$ verbindet. Dabei bezeichnet $z^* = (x^*, u^*)^T$ einen Karush-Kuhn-Tucker-Punkt der Aufgabe (1.1).

Mit der Unterteilung des Intervalls [0, 1] gemäß

$$0 = p_0 < p_1 < \cdots < p_{n-1} < p_n = 1$$

wurden verschiedene Einbettungsmethoden beschrieben:

1. *Diskrete Einbettungsmethoden:* Der Punkt z^k ist Näherung für den Karush-Kuhn-Tucker-Punkt $z(p_k)$ der Aufgabe (9.15) mit $p = p_k$. Er wird als Startpunkt für ein lokal überlinear konvergentes Verfahren zur Bestimmung von z^{k+1} als Näherung für den Karush-Kuhn-Tucker-Punkt $z(p_{k+1})$ der Aufgabe (9.15) mit $p = p_{k+1}$ verwendet. Für jedes feste p_{k+1} wird eine Folge von Karush-Kuhn-Tucker-Punkten $z^{k,j+1}$ der quadratischen Optimierungsaufgabe

$$\begin{aligned} &\nabla f\left(x^{k,j}, p_{k+1}\right)(x - x^{k,j}) + \frac{1}{2}(x - x^{k,j})^T L_x x\left(x^{k,j}, u^{k,j}, p_{k+1}\right) \\ &\quad \times (x - x^{k,j}) = \min! \\ &\text{bei} \quad f\left(x^{k,j}, p_{k+1}\right) + \nabla f\left(x^{k,j}, p_{k+1}\right)(x - x^{k,j}) \le 0 \end{aligned} \tag{9.17}$$

   erzeugt.
   Dabei dient $z^k = z^{k,0}$ als Startpunkt für die Konstruktion der Folge $z^{k,j}$, welche bei geeigneter Unterteilung des Intervalls [0,1] gegen $z^*(p_{k+1})$ konvergiert. Der Nachweis hierfür basiert auf den Aussagen zu überlinear konvergenten Verfahren in [58].
   Nach der näherungsweisen Lösung einer endlichen Zahl von quadratischen Optimierungsproblemen (9.17) erhält man einen Vektor z^{N-1}, welcher Startpunkt zur Bestimmung einer Folge $z^{N-1,k}$ ist, welche überlinear gegen die Lösung z^* der Aufgabe (1.1) konvergiert.

Die beschriebene Vorgehensweise wurde zunächst von Schwetlick [22] für die Lösung nichtlinearer Gleichungen entwickelt und von Richter [55] auf nichtlineare Optimierungsaufgaben übertragen.

2. *Stetige Einbettungsmethoden:* Bei stetigen Einbettungsmethoden wird der Homotopiepfad $z(p)$ ($p \in [0,1]$) im Intervall $[p_k, p_{k+1}]$ durch ein Kurvenstück $l_k(p)$ mit $z^k \in l_k(p)$ approximiert und $z^{k+1} = l(p_{k+1})$ gesetzt.
3. *Ein Prädiktor-Korrektor-Verfahren:* Dieses Verfahren stellt eine Kombination des diskreten und des stetigen Einbettungsverfahrens dar. Dabei ist $z^{k+1,0} = l(p_{k+1})$ als Ergebnis der stetigen Einbettung der Startpunkt für das lokal überlinear konvergente diskrete Verfahren zur Bestimmung von z^{k+1}. Das stetige Verfahren dient also als Prädiktor, das diskrete Verfahren als Korrektor (siehe [58, 59]).

10 Innere-Punkte-Methoden

Das im Abschnitt 5.1 beschriebene Simplexverfahren hat sich in der Praxis als recht brauchbar erwiesen. Als Nachteil wird seit über 30 Jahren erörtert, dass der Gesamtaufwand der arithmetischen Operationen sich nicht als Polynom der Dimension n der Variablen und der Anzahl m der Restriktionen ausdrücken lässt. Wie in Abschnitt 5.3 erwähnt wurde, galt einige Jahre das Ellipsoidverfahren als Ausweg. Der polynomiale Aufwand für lineare Programme im schlechtest denkbaren Fall kann allerdings nur nachgewiesen werden, wenn das Radizieren als endliche Operation angesehen wird. Außerdem sorgen die im Abschnitt 5.3 skizzierten notwendigen Transformationsschritte dafür, dass das Verfahren praktisch nicht leicht zu handhaben ist. Als Ausweg galt zunächst der 1984 von Karmarkar beschriebene Algorithmus. Dieser führt mit einem polynomialen Aufwand zu einer Lösung und wird im ersten Abschnitt beschrieben. Die im Beweis zum Karmarkar-Algorithmus verwendete Potenzialfunktion war Ausgangspunkt für erneute intensive Untersuchungen von Innere-Punkt-Methoden, welche bereits von Huard [60] sowie Fiacco und McCormick [36] beschrieben wurden. Insbesondere die Kombination mit dem Newton-Verfahren und gewissen Einbettungsverfahren führte zu effektiven Algorithmen. Exemplarisch wird im Abschnitt 10.2 eine Variante der primal-dualen Einbettungsverfahren betrachtet.

10.1 Das Projektionsverfahren

10.1.1 Grundlagen des Verfahrens

Das Projektionsverfahren von Karmarkar [61], auch Karmarkar-Algorithmus genannt, dient der Lösung der linearen Optimierungsaufgabe

$$z = c^{\mathrm{T}} x = \min! \quad \text{mit} \quad x \in Q \cap S\,, \tag{10.1}$$

wobei $Q = \{x \in R^n : Ax = 0\}$ und $S = \{x \in R^n : e^{\mathrm{T}} x = 1\}$ ist.

Optimierung in C++, 1. Auflage. Claus Richter.

Im Allgemeinen liegt jedoch eine Optimierungsaufgabe der Gestalt

$$z = c^{\mathrm{T}}\hat{x} = \min!$$
$$\text{bei} \quad A\hat{x} = b\,, \quad \hat{x} \geq 0 \tag{10.2}$$

vor. Ist für diese Optimierungsaufgabe ein zulässiger Punkt a mit $a_i > 0$, $i = 1, \dots, n$ gegeben, so kann durch projektive Transformation

$$x_i = \frac{(\hat{x}_i/a)}{1 + \sum_{i=1}^{n}(\hat{x}_i/a_i)} \qquad i = 1, \dots, n$$
$$x_{n+1} = 1 - \sum_{i=1}^{n} x_i$$

eine Aufgabe der Form (10.1) konstruiert werden (siehe Beispiel 10.1).

Zur Behandlung von (10.1) betrachten wir das Problem

$$c^{\mathrm{T}}Dx = \min!$$
$$\text{bei} \quad \overline{Q} \cap S = \{x \in R^n : ADx = 0, e^{\mathrm{T}}x = 1\} \tag{10.3}$$

mit einer Diagonalmatrix $D = \mathrm{diag}(d_i)$, wobei $d_i > 0$ ist. Zwischen den Aufgaben (10.1) und (10.3) gibt es die folgenden Beziehungen:

- Ist x^* Lösung von (10.1) mit $c^{\mathrm{T}}x^* = 0$, so ist
$$x^{**} = \frac{D^{-1}x^*}{e^{\mathrm{T}}D^{-1}x^*}$$
Lösung von (10.3) mit $c^{\mathrm{T}}Dx^{**} = 0$.
- Ist x^{**} Lösung von (10.3) mit $c^{\mathrm{T}}Dx^{**} = 0$, so ist
$$x^* = \frac{Dx^{**}}{e^{\mathrm{T}}Dx^{**}} \tag{10.4}$$
Lösung von (10.1) mit $c^{\mathrm{T}}x^* = 0$.

Man bestimmt nun in jeder Iteration zu fester Matrix D eine Näherungslösung der Aufgabe (10.3), konstruiert daraus unter Verwendung von (10.4) eine approximative Lösung von (10.1) und ändert die Matrix D ab. Anstelle des Problems (10.3) wird, ausgehend von Zentrum a^0 der Menge $\overline{Q} \cap S$ die modifizierte Aufgabe

$$c^{\mathrm{T}}Dx = \min!$$

bei

$$ADx = 0\,, \quad c^{\mathrm{T}}x = 1\,, \quad \|x - a^0\| \leq \alpha r \quad (\alpha \in (0, 1/4])\,, \tag{10.5}$$
$$r = \frac{1}{\sqrt{n(n-1)}}$$

gelöst. Ist $a \in \Omega \cap S$ mit $a_i > 0, i = 1, \ldots, n$ bekannt und wird $D = \operatorname{diag}(a_i)$ verwendet, dann beschreibt $a^0 = (1/n, \ldots, 1/n)^{\mathrm{T}}$ gerade das Zentrum des zulässigen Bereichs (10.3), denn wegen $a \in \Omega$, $Aa = 0$ und damit auch $ADa^0 = A1/na = 0$, gilt $a^0 \in (\overline{\Omega})$ und wegen $e^{\mathrm{T}}a^0 = 1$ also $a^0 \in S$. Die Lösung der Aufgabe (10.5) kann durch die Auswertung der Kuhn-Tucker-Bedingungen explizit angegeben werden. Mit

$$p = (I_0 - B^{\mathrm{T}}(BB^{\mathrm{T}})^{-l}B)Dc \tag{10.6}$$

lautet die Lösung der Aufgabe (10.5)

$$q = a^0 - \frac{\alpha p}{\|p\|} \,. \tag{10.7}$$

Durch die Wahl von r und x ist die zu (10.3) gehörige Vorzeichenbedingung erfüllt. Hat man q ermittelt, so ergibt sich aus der Transformationsvorschrift (10.4) eine Näherung x der Lösung von (10.1). Zur besseren Approximation der Lösung von (10.1) leitet man aus der beschriebenen Berechnungsvorschrift für x ein Iterationsverfahren her. Ausgehend von $x^0 = a^0$ wird dabei die Näherung x^{k+1} dadurch ermittelt, dass man in der Aufgabe (10.5) die Matrix D durch die Matrix $D_k = \operatorname{diag}(x^k)$ ersetzt und das damit entstehende Optimierungsproblem löst. Es ist möglich zu beweisen:

- Wird die Folge $\{x^k\}$ durch die beschriebene Vorgehensweise erzeugt, so gilt: Entweder es ist $c^{\mathrm{T}}x^{k+1} = 0$ für ein $k < \infty$ oder es gilt mit

$$f(x) = \ln c^{\mathrm{T}}x - \sum_{i=1}^{n} \ln x_i = \sum_{i=1}^{n} \ln\left(\frac{c^{\mathrm{T}}x}{x_i}\right) , \tag{10.8}$$

$$f(x^{k+1}) \le f(x^k) \le -\delta \,, \quad k = 0, 1, 2, \ldots$$

  wobei

$$\delta = \delta(n) \ge \alpha - \frac{\alpha^2}{2} = \frac{\alpha^2 n}{(n-1)\left(1 - \alpha\sqrt{\frac{n}{n-1}}\right)} \,.$$

- In $O(n(q + \log n))$ Schritten findet man einen Punkt x mit $c^{\mathrm{T}}x^k = 0$ oder $c^{\mathrm{T}}x^k/c^{\mathrm{T}}a^0 \le 2^{-q}$.

10.1.2 Aufbau des Algorithmus

S0: Wähle den Startpunkt $x^0 = a^0 = (1/n, \ldots, 1/n)^{\mathrm{T}}$ und $q > 0$, $\alpha = (n-1)/(3n)$. Setze $r = 1/\sqrt{n(n-1)}$ und $k = 0$.

S1: Setze

$$D_k = \operatorname{diag}(x^k) \quad \text{und} \quad B_k = \begin{pmatrix} AD_k \\ e^{\mathrm{T}} \end{pmatrix} .$$

S2: Berechne

$$p^k = \left(I_n - B_k^{\mathrm{T}}(B_k B_k^{\mathrm{T}})^{-l} B_k\right) D_k c\,,$$
$$q^k = a^0 - \frac{\alpha r}{\|p^k\|} p^k\,.$$

S3: Berechne $x^{k+1} = (e^{\mathrm{T}} D_k q^k)^{-1} D_k q^k$.

S4: Falls

$$\frac{c^{\mathrm{T}} x^{k+1}}{c^{\mathrm{T}} a^0} \leq 2^{-q}\,, \tag{10.9}$$

ist $x^* = x^{k+l}$ Lösung. Stopp.

S5: Setze $k = k + 1$ und gehe zu S1.

Die C++-Headerdatei „karmarkar.h" enthält eine Realisierung dieses Algorithmus.

Beispiel 10.1 Gegeben ist die lineare Optimierungsaufgabe

$$\begin{aligned} &z = -\hat{x}_1 + \hat{x}_2 = \min!\\ &\text{bei}\quad 2\hat{x}_1 - \hat{x}_2 \leq 1\,,\\ &\hat{x}_1 \geq 1\,,\\ &\hat{x}_2 \geq 0\,,\\ &\hat{x}_2 \leq 5 \end{aligned}$$

und der innere Punkt $a = (2, 4)^{\mathrm{T}}$. Zulässiger Bereich und innerer Punkt des Beispiels wurden in Abbildung 10.1 grafisch dargestellt.
Durch Hinzufügen von Schlupfvariablen ergibt sich

$$\hat{z} = -\hat{x}_1 + \hat{x}_2 = \min!$$

bei

$$\begin{aligned} &2\hat{x}_1 - \hat{x}_2 + \hat{x}_3 = 1\,,\\ &\hat{x}_1 - \hat{x}_4 = 1\,,\\ &\hat{x}_2 + \hat{x}_5 = 5\,,\quad \hat{x}_1, \hat{x}_2, \hat{x}_3, \hat{x}_4, \hat{x}_5 \geq 0 \end{aligned}$$

Die Transformation

$$\hat{x}_1 = \frac{2x_1}{x_6}\,,\quad \hat{x}_2 = \frac{4x_2}{x_6}\,,\quad \hat{x}_3 = \frac{x_3}{x_6}\,,\quad \hat{x}_4 = \frac{x_4}{x_6}\,,\quad \hat{x}_5 = \frac{x_5}{x_6}$$

liefert ein Problem der Form (10.1)

$$z = -2x_1 + 4x_2 = \min!$$

bei

$$\begin{aligned} &4x_1 - 4x_2 + x_3 = 0\,,\\ &2x_1 - x_4 - x_6 = 0\,,\\ &4x_2 + x_5 - 5x_6 = 0\\ &\sum_{i=1}^{6} x_i = 1\,;\quad x_i \geq 0\,. \end{aligned}$$

Nach 33 Iterationsschritten ergab sich als Näherungslösung $x = (0.08696, 0.04348, 0.0, 0.0, 0.69565, 0.17391)^T$.
Die Näherung des optimalen Zielfunktionswertes beträgt $z = 4.09 \cdot 10^{-5}$. Das Beispiel wurde unter „C:\optisoft\examples\i1013karmarkar.cpp" gespeichert.

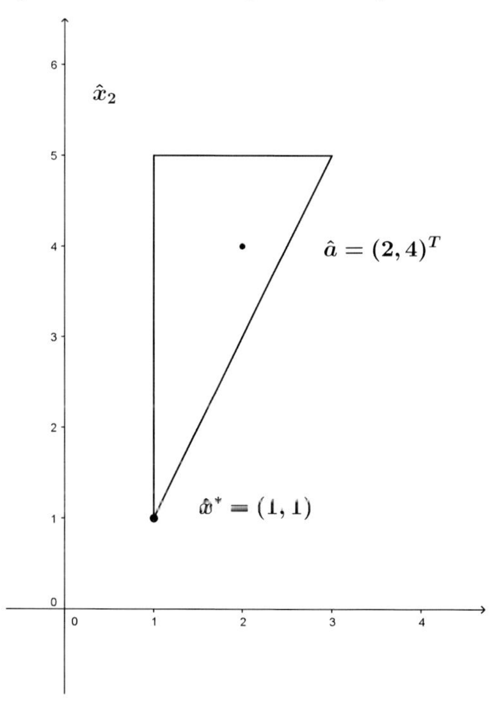

Abb. 10.1 Zulässiger Bereich, innerer Punkt und Optimalpunkt des Beispiels 10.1. Mit freundlicher Genehmigung des GeoGebra-Instituts Linz unter Verwendung der Software GeoGebra bereitgestellt.

Beispiel 10.2

$$z = 2x_2 - x_3 = \min!$$

bei

$$x_1 - 2x_2 + x_3 = 0 ,$$

$$\sum_{i-1}^{3} x_i = 1 ; \qquad x_i \geq 0 .$$

Dieses Beispiel liegt bereits in transformierter Form vor und wurde in der Header-Datei „ipm1014.h" bereitgestellt. Die Lösung $x^* = (0, 0.333\,33, 0.666\,67)$ mit dem Zielfunktionswert $z = 0$ wird nach 37 Iterationsschritten mit einer Genauigkeit von $\epsilon = 10^{-6}$ approximiert. Das Beispiel wurde unter „C:\optisoft\examples\i1014karmarkar.cpp" gespeichert.

10.1.3
Weiterführende Bemerkungen

Der von Karmarkar 1984 veröffentlichte Algorithmus [61] hat zu intensiven Diskussionen in der Fachwelt geführt. Wie beim Khachian-Algorithmus steht der polynomiale Aufwand zu seiner Lösung, diesmal allerdings über der Menge der Operationen $(+, -, *, /)$, im Mittelpunkt der Aufmerksamkeit. Die praktische Realisierung des Karmarkar-Algorithmus lässt eine Reihe von Fragen offen. Dies betrifft insbesondere die Lösung der Teilprobleme und die Wahl des Parameters α. Das von Karmarkar vorgeschlagene Intervall $\alpha \in (0, 1)$ scheint, wie numerische Experimente zeigen, unzweckmäßig zu sein. Der schwerwiegendste Einwand wird gegen die Forderung $c^{\mathrm{T}} x^* = 0$ erhoben. Karmarkar schlägt die Schätzung $\hat{c_m}$ des optimalen Zielfunktionswertes c_m und die anschließende Homogenisierung des Problems gemäß $\overline{z} = \hat{c}^{\mathrm{T}} x - \hat{c_m} = \sum_{i=1}^{n} (\hat{c}_i - c_m) * x_i$ vor. Mit $\overline{c_i} = \hat{c}_i - c_m$ ergibt sich für z die Gestalt $z = \sum \overline{c}_i * x_i$. Dies führt aber zu Schwierigkeiten beim Nachweis der Konvergenz. Außerdem ist es notwendig, für jede der iterativ verbesserten Näherungen für c_m das Lösungsverfahren durchzuführen.

10.2
Kurzschrittverfahren

10.2.1
Herleitung des Verfahrens

Der Term $-\sum_{i=1}^{n} \ln x_i$ in der Potenzialfunktion (10.8) stellt eine Barrierefunktion gegen die Begrenzung des ersten Orthanten für den Vektor x dar. Seine Verwendung im Karmarkar-Algorithmus war der Auslöser weitreichender Untersuchungen.

Modifiziert man das Problem (5.1) der linearen Optimierung durch die Einführung von Schlupfvariablen so ergibt sich

$$c^{\mathrm{T}} x = \min! \quad \text{bei} \quad Ax = b \,, \quad x \geq 0 \,. \tag{10.10}$$

Das dazu duale Problem lautet

$$b^{\mathrm{T}} u = \max! \quad \text{bei} \quad A^{\mathrm{T}} u + z = c \,, \quad z \geq 0 \,. \tag{10.11}$$

Näherungen für Lösungen im Inneren der primalen und dualen zulässigen Bereiche sind dadurch charakterisiert, dass die Vektoren x und z nur positive Komponenten besitzen. Dies gilt im primalen Fall auch für das Ausgangsproblem, da ein Teil der Komponenten von x Schlupfvariable sind. Zur Berechnung derartiger innerer Punkte werden zu primaler und dualer Zielfunktion Barriereterme hinzugefügt:

$$B_p(x, \mu) = c^{\mathrm{T}} x - \mu \left(\sum_{i=1}^{n} \ln x_i \right) \tag{10.12}$$

bzw.

$$B_d(u, z, \mu) = b^{\mathrm{T}} u + \mu \left(\sum_{i=1}^{m} \ln z_i \right) . \tag{10.13}$$

Für $x_j \longrightarrow 0$ gilt $B_p \longrightarrow \infty$. Mit den erweiterten Zielfunktionen aus (10.12) und (10.13) lassen sich die Probleme aus (10.10) und (10.11) modifizieren

$$B_p(x, \mu) = c^{\mathrm{T}} x - \mu \left(\sum_{i=1}^{n} \ln x_i \right) = \text{min!} \quad \text{bei} \quad Ax = b \,, \quad x \geq 0 \tag{10.14}$$

bzw.

$$B_d(u, z, \mu) = b^{\mathrm{T}} u + \mu \left(\sum_{i=1}^{m} \ln z_i \right) = \text{max!} \quad \text{bei} \quad A^{\mathrm{T}} u + z = c \,, \quad z \geq 0 \,. \tag{10.15}$$

Unter Verwendung der zu (10.14) und (10.15) gehörenden Lagrange-Funktionen

$$L_p(x, u, \mu) = c^{\mathrm{T}} x - \mu \left(\sum_{i=1}^{n} \ln x_i \right) + u^{\mathrm{T}} (Ax - b)$$

bzw.

$$L_d(u, x, z, \mu) = b^{\mathrm{T}} u + \mu \left(\sum_{i=1}^{m} \ln z_i \right) - x^{\mathrm{T}} (A^{\mathrm{T}} u + z - c)$$

lassen sich notwendige Optimalitätsbedingungen analog zu Kapitel 2 als System von $m + n$ linearen Gleichungen, n nichtlinearen Bedingungen sowie Vorzeichenbedingungen

$$\begin{aligned} &Ax = b \,, \quad x \geq 0 \\ &A^{\mathrm{T}} u + z = c \,, \quad z \geq 0 \\ &x_i z_i = \mu \end{aligned} \tag{10.16}$$

formulieren. Hinsichtlich der Anwendung des Newton-Verfahrens zur Lösung des Systems (10.16) bemerken wir, dass dieses System im Punkt x^k, u^k, z^k erfüllt ist und seine Linearisierung in (x^k, u^k, s^k)

$$\begin{bmatrix} 0 & A^{\mathrm{T}} & I \\ A & 0 & 0 \\ S_k & 0 & X_k \end{bmatrix} \begin{bmatrix} \Delta x \\ \Delta u \\ \Delta s \end{bmatrix} = \begin{bmatrix} c - A^{\mathrm{T}} u_k - s \\ b - A x_k \\ \mu_{\text{neu}} e - X_k S_k e \end{bmatrix} \tag{10.17}$$

liefert. Dabei sind X_k, S_k Diagonalmatrizen, auf deren Diagonale die Elemente der Vektoren x, s stehen, sowie $e = (1, \dots, 1)^{\mathrm{T}}$). Betrachtet man die dritte Gleichung in (10.17)

$$S_k \Delta x + X_k \Delta s = \mu_{\text{neu}} e - X_k S_k e \,,$$

so liefert die Auflösung nach Δs mit $D_k = S_k * X_k^{-1}$

$$\Delta s = -D_k \Delta x + X_k^{-1} \mu_{\text{neu}} e - Se \,. \tag{10.18}$$

Eingesetzt in (10.17) ergeben die beiden ersten Gleichungen

$$\begin{bmatrix} -D & A^{\mathrm{T}} \\ A & 0 \end{bmatrix} \begin{bmatrix} \Delta x \\ \Delta y \end{bmatrix} = \begin{bmatrix} c - A^{\mathrm{T}} u_k - X_k^{-1} \mu_{\text{neu}} e \\ b - A x_k \end{bmatrix} . \tag{10.19}$$

Ersichtlich kann nun (10.17) dadurch gelöst werden, dass zunächst Δx und Δy aus (10.18) bestimmt und dann Δs aus (10.19) berechnet wird. Daraus ergibt sich der im folgenden Abschnitt zusammengefasste und an Nocedal und Wright [62] angelehnte Algorithmus.

10.2.2
Beschreibung des Algorithmus

S0: Es seien $x^0 > 0$, $y^0, s^0 > 0$ und μ_0 mit

$$Ax^0 = b \,,$$
$$ATy^0 + z^0 = c \,,$$
$$X^0 s^0 - \mu_0 e = r^0 \,,$$
$$\frac{\|r^0\|}{\mu_0} \leq \frac{1}{2}$$

und die gewünschte Genauigkeit $\epsilon > 0$ vorgegeben. Setze $k = 0$.

S1: Führe einen Newton-Schritt aus: Berechne zunächst Δx und Δy aus

$$\begin{bmatrix} -D & A^{\mathrm{T}} \\ A & 0 \end{bmatrix} \begin{bmatrix} \Delta x \\ \Delta y \end{bmatrix} = \begin{bmatrix} c - A^{\mathrm{T}} u_k - X_k^{-1} \mu_{\text{neu}} e \\ b - A x_k \end{bmatrix}$$

und dann

$$\Delta s = -D_k \Delta x + X_k^{-1} \mu_{\text{neu}} e - Se \,.$$

Setze

$$x^{k+1} = x^k + \Delta x \,,$$
$$y^{k+1} = y^k + \Delta y$$

und

$$s^{k+1} = s^k + \Delta s \,.$$

S2: Verkleinere den Parameter μ mittels der Vorschrift

$$\mu_{k+1} = \mu_k \left(1 - \frac{1}{6\sqrt{n}} \right) .$$

S3: Falls $(x_i^{k+1})(s_i^{k+1}) \leq \epsilon / n$ $(i = 1, \ldots, n)$, dann Stopp; x^{k+1} Lösung.

S4: Setze $k = k + 1$, gehe zu S1.

Beispiel 10.3 Fourer [63]
Gesucht ist das Maximum der Funktion

$$z = -2x_1 - 1.5x_2$$

unter den Nebenbedingungen

$$\begin{aligned} 12x_1 + 24x_2 &\leq 120 \\ 16x_1 + 16x_2 &\leq 120 \\ 30x_1 + 12x_2 &\leq 120 \\ x_1 &\leq 15 \\ x_2 &\leq 15 \\ x_1 \geq 0 x_2 &\geq 0\,. \end{aligned}$$

Der maximale Funktionswert beträgt $z(x^*) = -5.416\,74$. Lösungspunkt ist $x^* = (1.666\,62; 5.833\,32)^{\mathrm{T}}$. Die Lösung wurde nach 9 Iterationen erreicht. Das Beispiel wurde unter „C:\optisoft\examples\i1023ipm.cpp“ gespeichert.

Beispiel 10.4 Gesucht ist das Maximum der Funktion

$$z = 2x_1 + 3x_2$$

unter den Nebenbedingungen

$$\begin{aligned} 2x_1 + 4x_2 &\leq 16 \\ 2x_1 + x_2 &\leq 10 \\ 4x_1 &\leq 20 \\ 4x_2 &\leq 12 \\ x_1 \geq 0 \quad x_2 &\geq 0\,. \end{aligned}$$

Der maximale Funktionswert beträgt $z(x^*) = 14$. Lösungspunkt ist $x^* = (4; 2)^{\mathrm{T}}$. Die Lösung wurde nach 4 Iterationen erreicht.

10.2.3 Weiterführende Bemerkungen

Die vorgestellte Kurzschrittvariante stellt nur eine Möglichkeit der Einbettung dar. Sie zeichnet sich dadurch aus, dass

- der Einbettungsparameter jeweils um einen konstanten Faktor verringert wird,
- die Lösung des linearen Gleichungssystems (10.17) die nächste Iterierte liefert,
- mit einer geeigneten Anfangsnäherung Konvergenz gegen Lösung des Ausgangsproblems gezeigt werden kann.

In der Literatur werden neben diesen vor allem Langschrittvarianten erörtert, welche dadurch charakterisiert sind, dass

- der Einbettungsparameter variabel verringert werden kann,
- in Fortschreitungsrichtung gedämpft werden kann,
- Konvergenz unter schwachen Voraussetzungen an die Startnäherung gesichert ist.

Außerdem finden Prädiktor-Korrektor-Verfahren Beachtung, bei welchen im Prädiktorschritt das System (10.17) für $\mu = 0$ gelöst wird. Im Korrektor-Schritt wird versucht, den Linearisierungsfehler der dritten Gleichung in (10.17) durch das Newton-Verfahren zu korrigieren. Es ist möglich, dies sehr effizient zu implementieren (Cholesky-Zerlegung). Das System (10.17) wird für zwei verschiedene rechte Seiten gelöst.

11
Parameteridentifikation

Ziel einer Parameteridentifikation ist die quantitative Beschreibung des Zusammenhangs verschiedener Größen, die

- beim Ablauf eines chemischen Prozesses,
- bei der Erfassung biologischer Vorgänge,
- in technisch-technologischen Experimenten o. ä.

beobachtet werden. Die qualitativen Beziehungen zwischen den unabhängigen und den abhängigen Variablen sind entweder durch

- algebraische Gleichungen oder durch
- Differenzialgleichungen

gegeben.

Diese Gleichungen enthalten Parameter, welche aus Messungen am realen Prozess ermittelt werden sollen. Wir setzen zunächst voraus, dass eine Wahl der Modellfunktionen bereits erfolgt ist und die Modelldaten so beschaffen sind, dass eine Bestimmung der vorliegenden Parameter prinzipiell möglich ist. Dabei können derartige Funktionen entweder aus den naturwissenschaftlichen, technischen oder wirtschaftlichen Grundlagen des betrachteten Prozesses abgeleitet werden oder als Polynom- bzw. Spline-Funktion die weitgehend unbekannten Zusammenhänge des betrachteten Prozesses nachbilden. Dann führt die Parameteridentifikation nach dem Prinzip der kleinsten Quadrate auf folgende Aufgaben:

1. Beim Vorliegen algebraischer Gleichungen

$$\begin{aligned}
&f(z) = \|z\| = \min \quad \text{mit} \quad z = (z_1, \dots, z_l)^{\mathrm{T}} = (h_1(x), \dots, h_l(x))^{\mathrm{T}} \\
&\text{bei} \\
&h_i(x) = y_i - y(x, t_i) \quad (i = 1, \dots, l) , \\
&g_j(x) \leq 0 \quad (j = 1, \dots, m) .
\end{aligned} \tag{11.1}$$

   Hierbei sind
   - $y(x, t)$ – die gewählte Modellfunktion,
   - x – der Parametervektor,
   - t_i $(i = 1, \dots, l)$ – der i-te Wert der (u. U. vektorwertigen) unabhängigen Veränderlichen,

Optimierung in C++, 1. Auflage. Claus Richter.

- y_i ($i = 1, \ldots, l$) – die i-te Beobachtung der (u. U. vektorwertigen) abhängigen Veränderlichen,
- a, b – Schrankenvektoren für den Vektor x.

Entsprechend der Wahl der Norm in (11.1) haben wir es mit einer linearen oder quadratischen Zielfunktion zu tun. Die vorliegende Formulierung gestattet die Berücksichtigung zusätzlicher Nebenbedingungen.

2. Beim Vorliegen von Differenzialgleichungen

$$
\begin{aligned}
&f(z) = \|z\| = \min! \\
&z_i = y_i - y(x, t_i) \quad (i = 1, \ldots, l) , \\
&\dot{y} = \varphi(x, y, t) , \qquad (11.2) \\
&\text{evtl. unter den Anfangsbedingungen} \\
&y(t_0) = y^0 .
\end{aligned}
$$

Zusätzlich können mitunter Nebenbedingungen der Form

$$
\begin{aligned}
&g_j(x) = 0 , \\
&g_j(x) \leq 0 , \qquad (11.3) \\
&a \leq x \leq b
\end{aligned}
$$

auftreten. Anfangsbedingungen bzw. Nebenbedingungen können in die Least-Square-Formulierung einbezogen werden.

11.1 Parameterschätzung auf der Grundlage linearer Quadratmittelprobleme

Im Beispiel 3.3 wurden zu einer gegebenen Messreihe

i	1	2	3	4
t_i	−1	0	1	2
y_i	1	2	4	7

die Parameter x_1, x_2 und x_3 in der Gleichung der Parabel

$$y = x_3 t^2 + x_2 t + x_1$$

gesucht.

Der in Abschnitt 3.2 beschriebene Weg beruht darauf, aus den vorgegebenen Werten ein überbestimmtes lineares Gleichungssystem zu konstruieren:

$$y_i = \sum_{j=0}^{n} x_j * t_i^{j-1} \quad (i = 1, \ldots, k, k > j) \qquad (11.4)$$

bzw. mit $a_{ij} = t_i^{j-1}$ in Matrizenschreibweise

$$y = Ax \ .$$

Mit dem QR-Algorithmus werden die gesuchten Koeffizienten bestimmt, wobei ein hoher Grad n des Polynoms ($n > 3$) wegen möglicher Oszillation vermieden werden sollte. In der Header-Datei „parest1.h" wurde dies implementiert und am nachfolgend dargestellten Beispiel 11.1 (Headerdatei „p1121.h") erprobt. Die Vorgehensweise ist auf Modellfunktionen $y(x, t)$ übertragbar, in welche die zu ermittelnden Koeffizienten linear eingehen:

$$y(x, t) = x_1 * y_1(t) + x_2 * y_2(t) + \ldots x_n * y_n(t) \ .$$

Die Elemente der Koeffizientenmatrix A werden dabei nicht aus den Potenzen der Werte der Messpunkte bestimmt. An ihre Stellen treten die Werte der linear verknüpften Ansatzfunktionen $y_j(t)(j = 1, \ldots, n)$ an den Messstellen t_i. Die Vorgehensweise wurde in „parest2.h" implementiert und kann am nachfolgend dargestellten Beispiel 11.2 (Headerdatei „p1122.h") nachvollzogen werden.

Beispiel 11.1 Polynomiale Modellfunktion
Gesucht sind die Koeffizienten der quadratischen Funktion

$$y(t) = x_4 t^3 + x_3 t^2 + x_2 t + x_1 \ ,$$

welche im Sinne der kleinsten Quadrate die folgende Menge der Punkte (t_i, y_i) $(i = 1, \ldots, 6)$ am besten annähert:

i	1	2	3	4	5	6
t_i	1	2	3	4	5	6
y_i	−1	1.5	0.1	3.5	−1	2

Ergebnis ist der Vektor $x^* = (-6.300\,00, 7.096\,43, -2.014\,29, 0.175\,00)^{\mathrm{T}}$. Die Modellfunktion lautet

$$y(t) = 0.175t^3 - 2.014t^2 + 7.096t - 6.3 \ .$$

Der Defekt beträgt $d = 3.365\,48$. Das Beispiel wurde unter „C:\optisoft\examples\p1121parest1.cpp" gespeichert.
Messdaten und Modellfunktion sind in der Abb. 11.1 dargestellt.

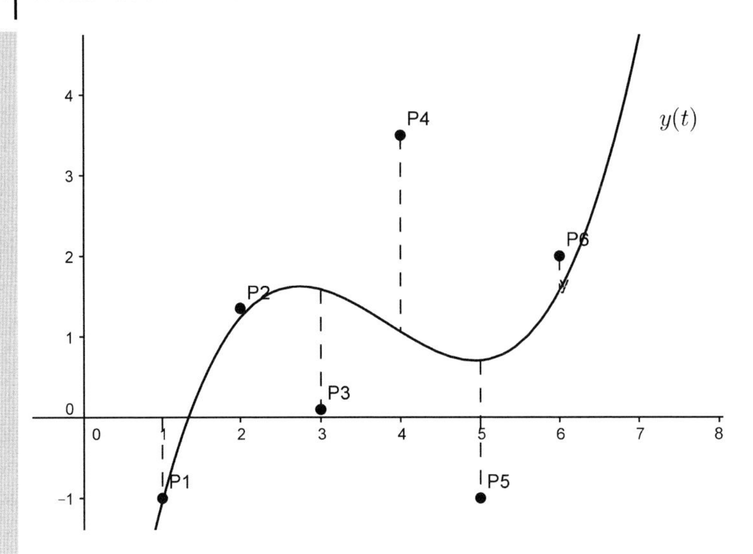

Abb. 11.1 p1121-Ausgleichspolynom. Mit freundlicher Genehmigung des GeoGebra-Instituts Linz unter Verwendung der Software GeoGebra bereitgestellt.

Beispiel 11.2 Linearkombination von Modellfunktionen
Gesucht sind die Koeffizienten der Funktion

$$y(t) = x_1 \sin t + x_2 \cos t + x_3 e^{-t} ,$$

welche im Sinne der kleinsten Quadrate die folgende Menge der Punkte (t_i, y_i) $(i = 1, \ldots, 5)$ am besten annähert:

i	**1**	**2**	**3**	**4**	**5**
t_i	0	2	4	6	8
y_i	0	1	-1	3	-4

Ergebnis ist der Vektor $x^* = (-0.978\,42, 1.896\,72, -1.513\,76)^T$. Die Modellfunktion lautet

$$y(t) = -0.978\,42 \sin t + 1.896\,72 \cos t - 1.513\,76 e^{-t} .$$

Der Defekt beträgt $F = 4.135\,99$.
Das Beispiel wurde unter „C:\optisoft\examples\p1122parest2.cpp“ gespeichert. Messdaten und Modellfunktion sind in Abb. 11.2 dargestellt.

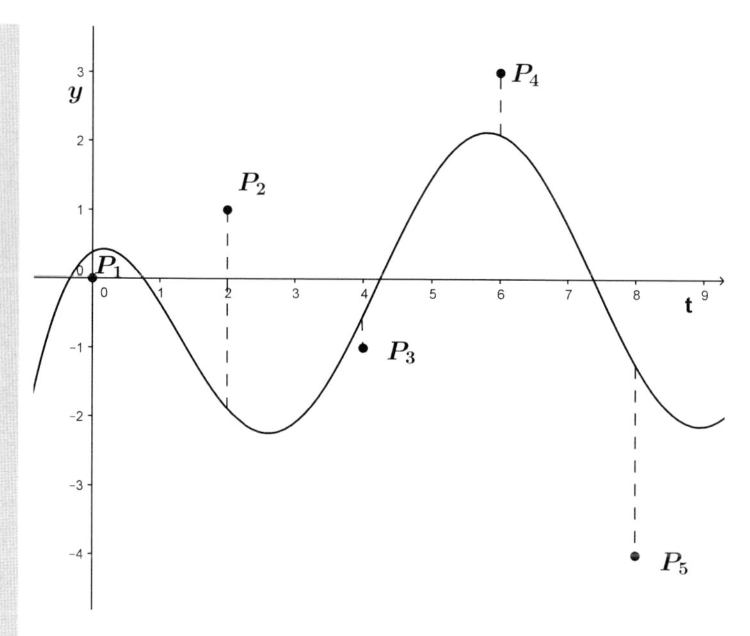

Abb. 11.2 p1122-Ausgleichsfunktion. Mit freundlicher Genehmigung des GeoGebra-Instituts Linz unter Verwendung der Software GeoGebra bereitgestellt.

11.2 Nichtlineare Parameterschätzung und nichtlineare Optimierungsverfahren

Liegt eine allgemeine nichtlineare Modellfunktion $y(x, t)$ vor, so stellt die Aufgabe (11.1) ein nichtlineares Optimierungsproblem dar. Sind Nebenbedingungen vorhanden, so lassen sich die Verfahren aus Kapitel 8 verwenden, im anderen Fall diejenigen aus Kapitel 7.

Einige dieser Verfahren erfordern die Bereitstellung der ersten (und zweiten) partiellen Ableitungen der Modellfunktion $y(x, t)$. Programmtechnisch wurde in „parest3.h" das stochastische Suchverfahren umgesetzt und in Beispiel 11.3 zur Lösung der Aufgabe „p1130.h" angewendet. Eine Übertragung auf andere Optimierungsverfahren und den restringierten Fall sollte keine Schwierigkeiten bereiten.

Beispiel 11.3 Stochastisches Suchverfahren
Gesucht sind die Koeffizienten der Funktion

$$y(t) = \frac{x_1 * (t * t + x_2 * t)}{t * t + x_3 * t + x_4} ,$$

welche im Sinne der kleinsten Quadrate die folgende Menge der Punkte (t_i, y_i) $(i = 1, \ldots, 6)$ am besten annähert:

i	1	2	3	4	5	6
t_i	0.1670	0.1250	0.10	0.0833	0.0714	0.0625
y_i	0.0627	0.0456	0.0342	0.0323	0.0235	0.0246

Ergebnis ist der Vektor $x^* = (0.223\,69, -0.381\,913, -0.026\,48, -0.153\,77)^{\mathrm{T}}$. Die Modellfunktion lautet

$$y(t) = \frac{0.223\,69 * (t * t - 0.381\,91 * t)}{t * t - 0.026\,48 * t - 0.153\,77} .$$

Der Defekt beträgt $F = 0.000\,565\,15$. Das Beispiel wurde unter „C:\optisoft\examples\p1130parest3.cpp“ gespeichert.

11.3
Das Gauß-Newton-Prinzip und ein darauf beruhendes Verfahren

Vernachlässigt man in Aufgabe (11.1) vorübergehend die Nebenbedingungen $g_j(x)$ und die Schranken für die Parameter, so ergibt sich bei Verwendung der Euklidischen Norm

$$f(z) = \frac{1}{2} z^{\mathrm{T}} z = \min!$$

bei

$$h(x) - z = 0 \quad \text{mit} \quad h_i(x) = y_i - y(x, t_i) \quad (i = 1, \ldots, l) . \tag{11.5}$$

Aufgabe (11.4) kann als klassisches Quadratmittelproblem

$$F(x) = \frac{1}{2} h(x)^{\mathrm{T}} h(x) = \min! \quad \text{bei} \quad x \in R^n \tag{11.6}$$

formuliert werden: Zieht man zur Lösung von (11.6) formal das Newton-Verfahren heran, so ergibt sich aus

$$\nabla F(x) = \nabla h(x) \cdot h(x)$$

mit $\nabla h(x) = (\nabla h_1(x), \ldots, \nabla h_1(x))$ und der Hesse-Matrix

$$\nabla^2 F(x) = \nabla h(x) \nabla h(x)^{\mathrm{T}} + B(x)$$

mit

$$B(x) = \sum_{i=1}^{l} h_i(x) \nabla^2 h_i(x)$$

die folgende Vorschrift zur Berechnung von x^{k+1}:

$$\nabla F(x^k) + \nabla^2 F(x^k)(x - x^k) = 0$$

bzw.

$$\nabla h(x^k)[(\nabla h(x^k))^{\mathrm{T}}(x - x^k) + h(x^k)] + B(x^k)(x - x^k) = 0 \ .$$

Setzt man nun voraus, dass für das Residuum $h(x)$ im Optimalpunkt x^* die Gleichung $h(x^*) = 0$ gilt, so kann für x^k nahe bei x^* der Ausdruck $B(x^k)$ vernachlässigt werden und man erhält

$$\nabla h(x^k)[\nabla(x^k)^{\mathrm{T}}(x - x^k) + h(x^k)] = 0 \ .$$

Dies ist gerade die auf Gauß (1809) zurückgehende Gauß-Newton-Vorschrift. Sie lässt sich auch als Lösung des linearen Ausgleichsproblems

$$\|\nabla h(x^k)^{\mathrm{T}}(x - x^k) + h(x^k)\| = \min! \qquad (11.7)$$

interpretieren. Die Vernachlässigung von $B(x^k)$ bringt vom praktischen Standpunkt aus erhebliche Vorteile, da es sich bei diesem Ausdruck um zweite Ableitungen einer vektorwertigen Funktion handelt.

11.3.1
Aufbau des Algorithmus

S0: Wähle eine Anfangsnäherung x^0, $0 < q < 1$ sowie eine Abbruchschranke $\epsilon > 0$. Setze $k = 0$.
S1: Bestimme x^{k+1} als Lösung des Problems (11.7).
S2: Falls $\|x^{k+1} - x^k\| \leq \epsilon$, ist $x^* = x^{k+l}$ Lösung. Stopp.
S3: Setze $k = k + 1$ und gehe zu S1.

Beispiel 11.4 [64]

Für die Messreihe

i	1	2	3	4
t_i	−2	−1	0	1
y_i	0.5	1	2	4

sind in der nichtlinearen Regressionsfunktion

$$y(x, t) = e^{x_1 + x_2 t}$$

die Parameter x_1, x_2 zu ermitteln.
Mit den Startwerten

$$x^0 = (0.6, 1.0)$$

ergibt sich nach 11 Iterationen die Näherungslösung

$$x_1^* = 0.693\,146$$
$$x_2^* = 0.693\,146$$

mit dem Defekt $F = 0.00000274$. Das Beispiel wurde unter „C:\optisoft\examples\p1141parest4.cpp“ gespeichert.

Beispiel 11.5 Für die Messreihe

i	1	2	3	4	5	6	7	8	9	10	11
t_i	4.00	2.00	1.00	0.50	0.25	0.1670	0.1250	0.10	0.0833	0.0714	0.0625
y_i	0.1957	0.1947	0.1735	0.16	0.0844	0.0627	0.0456	0.0342	0.0323	0.0235	0.0246

sind in der nichtlinearen Regressionsfunktion

$$y(x,t) = \frac{x_1\left(t^2 + x_2 t\right)}{t^2 + x_3 t + x_4}$$

die Parameter x_1, x_2, x_3, x_4 zu ermitteln. Mit den Startwerten

$$x^0 = (0.25, 0.39, 0.415, 0.39)$$

ergibt sich nach 16 Funktionswertaufrufen und 15 Gradientenberechnungen die Näherungslösung

$$x_1^* = 0.183\,28$$
$$x_2^* = 0.531\,41$$
$$x_3^* = 0.247\,38$$
$$x_4^* = 0.273\,93$$

mit dem Defekt $F = 0.000384$. Das Beispiel wurde unter „C:\optisoft\examples\p1142parest4.cpp“ gespeichert.

Beispiel 11.6 Gauß-Newton-Mehrphasenregression
Für die Messreihe

i	1	2	3	4	5	6	7	8	9
t_i	0	1	1.5	2	3	4	5	6	7
y_i	1	2	3.25	5	4	5	8	13	20

ist eine Modellfunktion gesucht, welche sich aus zwei Parabeln zusammensetzt. Die erste Parabel stellt die Funktion bis zum variablen Umschlagzeitpunkt k dar, die zweite Parabel schließt daran an:

$$y(x,t) = \begin{cases} x_1 + x_2 t + x_3 t^2 & t \le k \\ x_4 + x_5 t + x_6 t^2 & t > k \end{cases}$$

und

$$g_1(x) = \left(x_1 + x_2 k + x_3 k^2\right) - \left(x_4 + x_5 k + x_6 k^2\right) = 0$$
$$g_2(x) = k \geq 0$$
$$g_3(x) = 7 - k \geq 0$$

die Parameter x_1 bis x_6 sowie der Umschlagpunkt k zu ermitteln. Ausgehend von den Startwerten $x^0 = (1, 1, 1, 1, 1)$ und $k = 1$ wurde als Näherungslösung erreicht:

$$x_1^* = 0.999\,95$$
$$x_2^* = 0.000\,08$$
$$x_3^* = 0.999\,98$$
$$x_4^* = 0.999\,98$$
$$x_5^* = -5.999\,81$$
$$x_6^* = 12.999\,57$$
$$k^* = 1.999\,987\,9\,,$$

mit dem Defekt $F = 0.000\,000\,6$.
Dabei waren 24 Funktionswertberechnungen und 22 Gradientenberechnungen erforderlich.
Der Abbruch erfolgte bei erfüllten Optimalitätsbedingungen. Das Beispiel wurde unter „C:\optisoft\examples\p1143parest4.cpp" gespeichert.

11.4 Parameterschätzung und SQP-Verfahren

Die Aufgabe (1.2) ist als restringierte Optimierungsaufgabe in folgender Form darstellbar:

$$\overline{f}(\overline{x}) = \min! \quad \text{bei} \quad \overline{g}(\overline{x}) = 0\,, \quad \overline{x} \in \overline{R}^n\,. \tag{11.8}$$

Hierbei bedeutet

$$\overline{n} = n + 1\,, \quad \overline{x} = \begin{pmatrix} x \\ z \end{pmatrix}, \quad \overline{f}(\overline{x}) = \frac{1}{2} z^{\mathrm{T}} z$$

und

$$\overline{g}(\overline{x}) = h(x) - z\,.$$

Geht man von (11.8) aus, so lassen sich die notwendigen Optimalitätsbedingungen unter Verwendung der Lagrange-Funktion

$$\overline{L}(\overline{x}, u) = \overline{f}(\overline{x}) + \sum u_i \overline{g}_i(\overline{x})$$

formulieren.

$$\overline{L}_x(\overline{x}, \overline{u}) = 0 \quad \overline{g}(\overline{x}) = 0 \,. \tag{11.9}$$

Ist eine hinreichend gute Näherung $(\overline{x}^k, u^k)$ für $(\overline{x}^*, u^*)$ bekannt, so erhält man eine spezielle quadratische Optimierungsaufgabe dadurch, dass man die Optimalitätsbedingungen (11.9) in $(\overline{x}^k, u^k)$ linearisiert und die entstehenden Gleichungen

$$\overline{L}_x(\overline{x}^k, u^k) + \overline{L}_{xx}(\overline{x}^k, u^k)(\overline{x} - \overline{x}^k) = 0$$
$$\overline{g}(\overline{x}^k) + \nabla\overline{g}(\overline{x}^k)^{\mathrm{T}}(x - \overline{x}^k) = 0$$

als notwendiges Optimalitätskriterium einer quadratischen Optimierungsaufgabe

$$\nabla\overline{f}(\overline{x}^k)^{\mathrm{T}}(\overline{x} - \overline{x}^k) + \frac{1}{2}(\overline{x} - \overline{x})\overline{L}_{xx}(\overline{x}^k, u^k)(\overline{x} - \overline{x}^k) = \min!$$
$$\overline{g}(\overline{x}^k) + \nabla\overline{g}(\overline{x}^k)^{\mathrm{T}}(x - \overline{x}^k) = 0$$

interpretiert. Die in der Zielfunktion auftretende Matrix $L_{xx}(\overline{x}^k, u^k)$ lässt sich durch geeignete Aufdatierungsformeln approximieren. Im Regressionsproblem (11.1) auftretende Nebenbedingungen lassen sich nun ohne Schwierigkeiten in die Bildung des quadratischen Teilproblems einbeziehen. Die linearisierten Nebenbedingungen

$$\nabla h_i(x^k)^{\mathrm{T}}(x - x^k) + h_i(x^k) - z_i = 0$$

sind dabei vorteilhaft zur Elimination der zusätzlichen Variablen z_i geeignet. Die Behandlung von Regressionsaufgaben als nichtlineares Optimierungsproblem mithilfe von SQP-Verfahren wird in [17] beschrieben.

11.5 Parameteridentifikation in Differenzialgleichungen

11.5.1 Grundlagen

Wir erläutern im Folgenden die Aufgabe (11.2) mit den Anfangsbedingungen (11.3). Vorausgesetzt wird, dass für alle in Betracht kommenden Parameter x genau eine Lösung $y(x, t)$ des Anfangswertproblems existiert. Gesucht ist zu vorliegenden Beobachtungen y_i $(i = 1, \ldots, l)$ zum Zeitpunkt t_i $(i = 1, \ldots, l)$ ein Parametervektor x^*, sodass die Lösung $y(x^*, t_i)$ $(i = 1, \ldots, l)$ möglichst gut mit den Beobachtungen übereinstimmt. Die vorliegende Situation ist in Abb. 1.1 geometrisch beschrieben. Die Behandlung der Aufgabe (11.2) kann formal wie die der Aufgabe (11.1) mit dem Verfahren 11.3.1 erfolgen; jedoch erfordert die Berechnung von $h(x^k)$ die Lösung eines Anfangswertproblems zur vorgegebenen Näherung x^k. Die Situation ist in der Abbildung 11.3 veranschaulicht. Die Funktion $y(x^*, t)$ ergibt sich dabei als Lösung der Anfangswertaufgabe in (11.2) zu optimalem Parametervektor x^*.

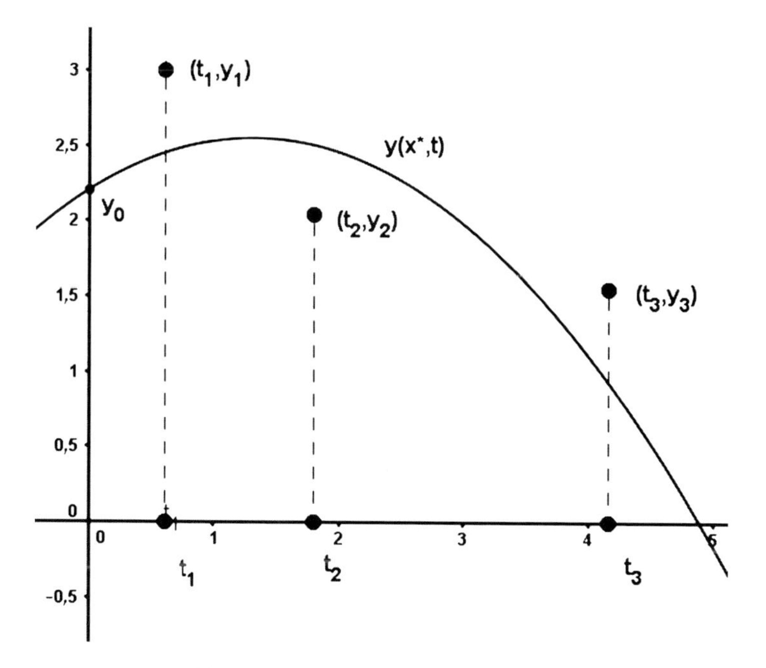

Abb. 11.3 Beispiel für die Parameteridentifikation. Mit freundlicher Genehmigung des GeoGebra-Instituts Linz unter Verwendung der Software GeoGebra bereitgestellt.

Darüber hinaus ist für die Ermittlung von $\nabla h(x^k)$ die Berechnung von

$$\frac{\partial y(x, t_i)_j}{\partial x_k}$$

erforderlich. Alternativ kann eine konsistente Approximation von $\nabla h(x^k)$ verwendet werden. Hierbei treten noch einmal mindestens n Anfangswertprobleme auf. In der beigefügten Implementierung wird zur Lösung von (11.1) das im Abschnitt 8.1 beschriebene stochastische Suchverfahren verwendet. Dies kommt mit der Funktionswertberechnung von $h(x)$ aus. Für die dabei erforderliche näherungsweise Lösung des Anfangswertproblems wird das in Abschnitt 3.3 erläuterte Runge-Kutta-Verfahren 4. Ordnung verwendet.

Die Berechnung von $h(x^k)$ erfolgt in folgenden Schritten:

S0: Für das betrachtete Intervall $I = [t_A, t_E]$, welches die Messstellen t_j enthält, werden Stützstellen t_i erklärt.

S1: Die Funktionswerte von $y(x^k, t_l)$ werden mithilfe der Cholesky-Zerlegung (siehe Abschnitt 3.3) zur Lösung gewöhnlicher Differenzialgleichungssysteme durch $\overline{y}(x^k, t_i)$ approximiert.

S2: Durch die Punkte $(t_i, \overline{y}(x^k, t_i))$ werden stückweise Polynome gelegt, im einfachsten Fall lineare Funktionen zwischen zwei benachbarten Punkten.

S3: Der Wert dieses Polynoms an der Stelle t_i liefert die Näherung $\overline{y}(x^k, t_i)$ für $y(x^k, t_i)$.

S4: Es ergibt sich $h_l(x^k) = \overline{y}(x^k, t_i) - y_i$.

Von den verschiedenen Methoden zur Berechnung dieser Näherung wird im implementierten Programm der Übersichtlichkeit halber das Runge-Kutta-Verfahren 4. Ordnung verwendet.

Auf andere Möglichkeiten wird im Folgenden hingewiesen.

11.5.2
Weiterführende Bemerkungen

Wie in Kapitel 3 erwähnt, können die Ergebnisse der erläuterten Vorgehensweise durch die Verwendung des Prinzips des Mehrfachschießens verbessert werden: Dabei unterteilt man das Intervall $[t_A, t_E]$, welches die Messpunkte t_i enthält, durch sogenannte Schießpunkte $\tau_i (i = 1, \ldots, q)$ und erklärt Teiltrajektorien

$$y(t, \tau_j, x_{n+j}, x)$$

als Lösung der Aufgaben

$$\dot{y} = \varphi(t, x, y) \quad y(\tau_j) = x_{n+j}, t \in [\tau_j, \tau_{j+1}] \, .$$

Als Stetigkeitsforderung fügt man

$$y_j(\tau_{j+1}, \tau_j, x_{n+j}, x) = x_{n+j+1}$$

hinzu.

Dadurch ergibt sich eine Optimierungsaufgabe mit zusätzlichen Gleichungsnebenbedingungen

$$z^{\mathrm{T}} z = \min!$$

bei

$$z_i - y_i + y_j(t_i, \tau_j, x_{j+n}, x) = 0 \, ,$$
$$y_j(\tau_{j+1}, \tau_j, x_{n+j}, x) - x_{n+j+1} = 0 \, ,$$
$$g_j(x) = 0 \quad (j = 1, \ldots, m_l) \, ,$$
$$g_j(x) \le 0 \quad (j = m_{l+1}, \ldots, m) \, ,$$

$a \le x \le b$, wobei $\tau_j \le t_i \le \tau_{j+1}$ für die Auswahl der j-ten Teiltrajektorien ausschlaggebend ist. Wählt man die Schießpunkte derart, dass sie nicht mit den Beobachtungspunkten übereinstimmen, so kann man $y_i(t_i, \tau_j, x_{j+n}, x)$ dadurch ermitteln, dass man bei der Integration im Teilintervall $[\tau_j, \tau_{j+1}]$ geeignet interpoliert.

Die soeben beschriebene Vorgehensweise ähnelt prinzipiell derjenigen von Bock [65]. Der Unterschied besteht in der Behandlung der entstandenen endlichdimensionalen Least-Square-Probleme. Während Bock weitgehend deren spezielle Struktur bei der Auflösung der zugehörigen Gleichungssysteme berücksichtigt, werden im oben dargestellten Verfahren zusätzliche Informationen in der quadratischen Optimierungsaufgabe genutzt.

Dadurch ist die Anwendung leistungsfähiger Standardsoftware zur nichtlinearen Optimierung möglich.

In Bock [65] findet man auch ein ausführliches Literaturverzeichnis zur Parameterschätzung in Differenzialgleichungsmodellen.

Die nachfolgenden Beispiele belegen die Leistungsfähigkeit der Vorgehensweise.

Beispiel 11.7 Betrachtet wird das Lotka-Volterra-Modell aus Abschnitt 3.7.1

$$\dot{y}_1(t) = x_1 y_1(t) + x_2 y_1(t) * y_2(t)$$
$$\dot{y}_2(t) = x_3 y_1(t) * y_2(t) + x_4 y_2(t) ,$$

wobei die Konstanten x_1, x_2, x_1 und x_4 auf der Basis der Näherungswerte aus Abschnitt 3.7.1 ermittelt werden

t	y_1	y_2
0.5	5.069 34	0.574 707
1	5.905 83	0.847 547
1.5	5.562 57	1.370 13
2	4.210 82	1.699 57
2.5	3.117 82	1.555 55
3	2.556 58	1.146 07
3.5	2.592 98	0.785 208
4	3.062 48	0.581 319
4.5	3.881 13	0.507 849
5	4.940 65	0.561 112
5.5	5.838 72	0.804 595
6	5.667 1	1.304 73

zu schätzen sind.Die Fragestellung des Abschnitt 3.7.1 wird quasi umgekehrt. Mit einer Abbruchgenauigkeit von $\epsilon = 0.000\,01$ und dem Startpunkt

$$xs_1 = xs_3 = 1 \; ; \quad xs_2 = xs_4 = -1$$

ergibt sich nach 1001 Iterationen die Näherungslösung

$$x_1 = 1.001\,11 \, , \quad x_2 = -0.997\,91 \, , \quad x_3 = 0.502\,49 \, , \quad x_4 = -2.008\,59 \, .$$

Das Beispiel wurde unter „C:\optisoft\examples\p1163parest5.cpp" gespeichert.

Beispiel 11.8 Betrachtet wird das Differenzialgleichungssystem

$$\dot{y}_1 = x_1 y_2$$
$$\dot{y}_2 = -x_2 y_1 ,$$

wobei $y_1(t)$ und $y_2(t)$ unbekannte Funktionen sowie x_1 und x_2 unbekannte Parameter sind. Die der Parameterschätzung zugrunde liegende Beobachtungsreihe lautet:

t	t_i	y_{1i}	y_{2i}
1	0.5	0.48	0.87
2	1.0	0.84	0.54
3	1.5	0.91	0.07
4	2.0	0.91	−0.42

Das Beispiel wurde unter „C:\optisoft\examples\p1163parest5.cpp“ gespeichert. Mit den Schießpunkten $\tau_0 = 0$, $\tau_1 = 1$, $\tau_2 = 2$ ergibt sich nach 66 Funktionswertberechnungen und 28 Gradientenberechnungen die Näherung

$$x_1^* = 0.969\,89$$
$$x_2^* = 1.031\,40 .$$

Der Wert des Residuums beträgt $F = 0.004\,95$.

12
Optimale Steuerung

12.1
Einführung

Die Aufgabe der optimalen Steuerung besteht darin, ein Funktional unter Differenzialgleichungsnebenbedingung, Anfangs- und Endbedingungen zu minimieren:

$$J(y(t), u(t)) = \psi(y(a), a, y(b), b) = \min! \tag{12.1}$$

$$\text{bei} \quad \dot{y} = \phi(t, y(t), u(t)) \tag{12.2}$$

$$r(a, y(a), b, y(b)) = 0 \tag{12.3}$$

$$c(t, y(t)) \leq 0 \tag{12.4}$$

$$c(t, u(t)) < 0 \tag{12.5}$$

$$a \leq t \leq b\,. \tag{12.6}$$

Die Variable t wird dabei gern als Zeit interpretiert.

Für die numerische Behandlung von (12.1)–(12.5) lassen sich Verfahren zur Lösung nichtlinearer Optimierungsaufgaben mit numerischen Verfahren zur Lösung von Differenzialgleichungssystemen koppeln. Dabei wird durch Spline-Approximation der Steuerungsfunktion $u(t)$ und die Anwendung der Differenzialgleichungssolver für die Zustandsgleichungen (12.2) die Aufgabe der optimalen Steuerung in eine nichtlineare Optimierungsaufgabe umgewandelt.

Die vorgestellte Vorgehensweise ist eine Alternative zur Verwendung von Straf-Barriere-Techniken, die von Kraft [5] veröffentlicht wird, sowie zur Behandlung der optimalen Steuerung auf der Grundlage der Betrachtung von Optimalitätsbedingungen. Sie wurde in [66] publiziert.

12.2
Umwandlung in eine nichtlineare Optimierungsaufgabe

Ein geeigneter Weg für die Umwandlung des Problems der optimalen Steuerung in ein nichtlineares Optimierungsproblem ist die Approximation der Steuervaria-

Optimierung in C++, 1. Auflage. Claus Richter.

blen durch kubische Spline-Interpolation sowie die Interpretation der Zustandsvariablen als Funktionen der Steuerungsvariablen mithilfe von Differenzialgleichungen. Die Unterteilung des Zeitintervalls

$$a = t_1 < t_2 < \cdots < t_J = b$$

bildet die Grundlage für die Konstruktion der Spline-Interpolierenden $\overline{u_p}(t)$ $(p = 1, 2, \dots, P)$ der Steuerfunktionen $u_p(t)$. Dabei wird auf die Vorgehensweise in Abschnitt 3.7 zurückgegriffen. Approximation der Trajektorien $\overline{y}(t)$ wird dadurch ermittelt, dass man die Anfangswertaufgabe

$$\dot{y} = \varphi(t, y(t), \overline{u}(t))$$

mit geeigneter Anfangsbedingung $y(a)$ näherungsweise löst. Sind solche Bedingungen nicht bekannt, können sie als zusätzliche Bestandteile des Variablenvektors y interpretiert werden.

Aus diesem Sachverhalt resultiert, dass die Zustandsvariablen als Funktion der Steuervariablen betrachtet werden können und dass die Zielfunktion und die Nebenbedingungen nur von den Steuervariablen abhängen. Auf diese Weise haben wir ein allgemeines Problem der optimalen Steuerung durch ein nichtlineares Optimierungsproblem approximiert:

$$f(u) = \min! \quad \text{bei} \quad g_i(u) \le 0 \quad (i = 1, \dots, m) . \tag{12.7}$$

Die geschilderte Vorgehensweise lässt sich im folgenden Algorithmus zusammenfassen.

12.3 Aufbau des Algorithmus

S0: Vorgabe einer Anfangsnäherung u^0 für die Werte der Steuerungsvariablen u^0_{jk} in den Diskretisierungspunkten t_k.

k-ter Schritt der Iteration ($k \ge 0$)

S1: Ermittle eine Näherung $y^k_{m,j}$ für Werte der Zustandsvariablen in den Diskretisierungspunkten t_j durch numerische Lösung des Problems

$$\begin{aligned} &\dot{y} = \phi(t, y(t), u^k) \\ &r(a, y(a), b, y(b)) = 0 . \end{aligned} \tag{12.8}$$

S2: Bestimme unter Verwendung von y^k, u^k eine Näherung u^{k+1} der Aufgabe (12.2).

S3: Falls $\|u^{k+1} - u^k\| < \epsilon$ Stopp; $u^* = u^{k+1}$ Näherung der optimalen Steuerung.

S4: Setze $k = k + 1$ und gehe zu S1.

12.4 Implementierte numerische Methoden

Für die näherungsweise Lösung der Aufgaben (12.2) und (12.3) lassen sich die in Kapitel 7 bzw. Kapitel 3 vorgestellten Verfahren verwenden. Für die Lösung der im Folgenden betrachteten Probleme wurde – im Unterschied zur Vorgehensweise bei Kraft [5] das in Kapitel 7 beschriebene Wilson-Verfahren der nichtlinearen Optimierung und das in Kapitel 3 skizzierte Mehrfachschießverfahren zur näherungsweisen Lösung des jeweils auftretenden Differenzialgleichungssystems eingesetzt.

Beispiel 12.1 Dynamisches System
Für das dynamische System:

$$\dot{x}_1(t) = x_2(t)$$
$$\dot{x}_2(t) = u(t)$$

ist eine Steuerfunktion u zu bestimmen, für welche

$$\varphi(x, u, t) = \frac{1}{2} \int_b^1 u^2 \, \mathrm{d}t$$

minimal ist. Dabei gilt für die Steuerfunktion $u(t)$ die Nebenbedingung

$$|u| \leq 1 \, .$$

Analytisch kann die optimale Steuerfunktion $u^*(t) = -6t + 4$ nachgewiesen werden. Der Wert der Zielfunktion ist $1/2 \int_b^1 u^2 \, \mathrm{d}t = 4$ mit den Eingangswerten

- Anfangswert von $u(t)$: $u(t) = 0$
- 3 Zustandsgleichungen
- 1 Steuerfunktion
- 2 Endbedingungen
- 0 Nebenbedingungen für die Steuerung (ohne untere und obere Schranken)
- Startzeit: $t_0 = 0$
- Endzeit: $t_1 = 1$
- 11 Knoten
- Anfangswerte für die Zustandsgleichungen: $z(0) = (0, 0, 0)^{\mathrm{T}}$
- Anfangswerte der Steuervariablen $u_0 = 1$
- keine unteren und oberen Schranken für u_i
- Fehlerschranke für das SQP-Verfahren: $\epsilon = 10^{-4}$
- Fehlerschranke für das Lösungsverfahren für gewöhnliche Differenzialgleichungen $\epsilon = 10^{-2}$
- maximale Iterationszahl: 50

Das Differenzialgleichungssystem hat die Form

$$\begin{aligned}
\dot{z} &= F(z, u, p) \\
\dot{z}_1 &= z_2 \\
\dot{z}_2 &= u_1 \\
\dot{z}_3 &= u_1 * u_1 \; .
\end{aligned}$$

Die Kostenfunktion $f(z, p)$ ist

$$\text{Kosten} = z_3 \; .$$

Die Resultate der Anwendung des Programms „optcont.h" findet man in [66].

Beispiel 12.2 Reifung von Butter

Zu bestimmen ist die optimale Kontrolle des Reifungsprozesses von Butter, der sogenannten Maturation.

- Ziele der Reifung sind
  1. Abnahme des ph-Wertes des Produktes,
  2. Verbesserung des Geschmacks.
- Ziel der Optimierung ist die Minimierung der Reifezeitdauer t_N.

Mathematisch bedeutet das:

- Zielfunktion

$$f = t_N = \text{min!} \tag{12.9}$$

- Zustandsvariable:
  z_1 – Buttertemperatur
  z_2 – ph-Wert der Butter
  z_3 – Natürliche Säuerung
- Steuervariable:
  u_1 – Kühltemperatur
- Modellsystem
  Das Modellsystem ist gegeben durch

$$\begin{aligned}
\dot{z}_1 &= 0.121 * u_1 - 0.121 * z_1 + 0.0955 * z_3 \\
\dot{z}_2 &= z_3 \\
\dot{z}_3 &= -1.25 * z_3 - 6.5765 \cdot 10^9 * e^{\frac{-7253}{z_1 + 273.16}}
\end{aligned}$$

- Anfangswerte

$$z_1^0 = 20.0$$
$$z_2^0 = 6.5$$
$$z_3^0 = 0.0$$

- Nebenbedingungen

$$g_1 = z_1 - 11 = 0$$
$$g_2 = z_2 - 5.1 = 0$$
$$3 \leq x_i \leq 20 \quad \text{für} \quad i = 1, \ldots, 6$$

Das Problem wurde nach 21 Iterationen gelöst. Der optimale Zielfunktionswert beträgt 17.389 876.

13
Form- und Strukturoptimierung

Form- und Strukturoptimierung beinhaltet die optimale Gestaltung mechanischer Konstruktionen. Eine typische Fragestellung zur Formulierung der Zielfunktion ist die Erzielung des minimalen Gewichts einer Konstruktion. Aus den zugrundeliegenden geometrischen Beziehungen resultiert hieraus die Forderung nach optimalen Werten für die Entwurfsvariablen in der Form von

- Querschnitten von Stäben bzw. Balken
- Wanddicken von Membranelementen bzw. Plattenelementen
- Lagedicken bzw. Lagewinkeln von Composite Elementen (zusammengesetzten Elementen)

Damit resultiert aus der Forderung nach einem optimalen Wert der Zielfunktion die Berechnung geeigneter Werte für die Entwurfsvariablen, wobei Nebenbedingungen der folgenden Art zu berücksichtigen sind:

- Spannungen
- Verformungen
- Stabilitätsgrenzen
- Mindestabmessungen

Diese dürfen nicht unter- bzw. überschritten werden.

Da bei derartigen Fragestellungen oft Variable, welche die Dimension charakterisieren mit solchen, welchen den mechanischen Zustand beschreiben, verknüpft sind, ist die gemeinsame Nutzung von Differerentialgleichungssolvern mit Optimierungsverfahren typisch für die Form- und Strukturoptimierung.

13.1
Zusammenhang zwischen Bemessungsvariablen und Zustandsvariablen

Aus der Mechanik ist bekannt, dass den Beziehungen zwischen Bemessungsvariablen und den Zustandsvariablen oft Gleichungen oder Differenzialgleichungen zugrundeliegen. So ist z. B. die Normalspannung eines Stabes mit seinen Abmes-

Optimierung in C++, 1. Auflage. Claus Richter.

sungen durch (13.1) verbunden

$$f = K * u \,. \tag{13.1}$$

Hierbei ist K die Steifigkeitsmatrix, f der Vektor der einwirkenden Kräfte und u der sogenannte Verschiebungsvektor. Eine klassisch zu nennende Methode, bei vorgegebener rechter Seite eine Lösung von (13.1) zu erhalten, stellt die Methode der finiten Elemente dar. Dabei wird das betrachtete mechanische Gebilde in endlich viele Elemente zerlegt, z. B. im zweidimensionalen Fall in Dreiecke, wie in Abb. 13.1 skizziert.

Die einzelnen Elemente können durch begrenzende Punkte beschrieben werden, sogenannte Elementknoten – bei Dreieckelementen z. B. die Eckpunkte. Die einzelnen Strukturelemente werden zusammengefasst – aus den Elementeknoten werden Systemknoten. Materielle Eigenschaften und geometrische Eigenschaften eines individuellen Elements erscheinen in der Element-Steifigkeits-Matrix. Aus den Steifigkeitsmatrizen der Elemente wird die Steifigkeitsmatrix der Struktur erzeugt. Die geometrische Position des einzelnen Knotens und seine mechanischen Eigenschaften fließen darin ein. Für die gesuchte Lösungsfunktion werden polynomiale Ansätze in den Entwurfsvariablen verwendet. In die konkrete Gestalt gehen spezielle Eigenschaften des untersuchten Problems und Stetigkeitsforderungen beim Übergang von einem Element zu benachbarten Elementen ein. Sollen die Stetigkeitsforderungen tatsächlich erfüllt werden, so ist der Funktionsverlauf im Element durch Funktionswerte und Werte in den Ableitungen in den Knotenpunkten der Elemente auszudrücken. Damit stellt sich die Ansatzfunktion als Linearkombination sogenannter Formfunktionen mit den Knotenvariablen als Koeffizienten dar. Die Ansatzfunktion für ein zweidimensionales Element mit p Knotenpunkten ergibt sich zu

$$u^{(e)}(x, y) = \sum_{i=1}^{p} u_i^{(e)} N_i^{(e)}(x, y) \,.$$

Zur Ermittlung der Funktion $u(x, y)$ über dem gesamten Grundgebiet werden die Ansätze $u^{(e)}(x, y)$ aller Elemente zu dem Ansatz $u(x, y)$ vereinigt. Es ergibt sich

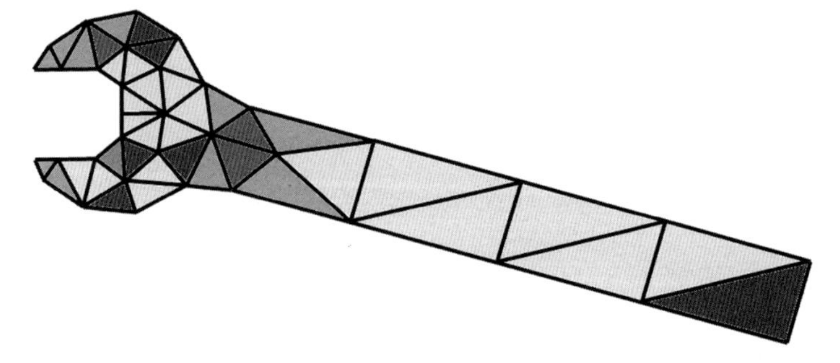

Abb. 13.1 Spannungsverteilung in einem Schraubenschlüssel.

für die Knotenvariablen von 1 bis n

$$u(x, y) = \sum_{k=1}^{n} u_k N_k(x, y) . \tag{13.2}$$

$N_k(x, y)$ stellt die globale Formfunktion dar, die nur in denjenigen Elementen von Null verschieden ist, die den gleichen Knotenpunkt haben. Durch Vorgabe der Entwicklungskoeffizienten u_k lassen sich die geometrischen Randbedingungen berücksichtigen und das Problem lösen.

Steht ein Extremalprinzip zur Verfügung, wird der Ansatz (13.2) in das Funktional eingesetzt. Die verwendeten Extremalprinzipien weisen im Allgemeinen quadratische Funktionen in u und deren Ableitungen auf. Die daraus entstehende quadratische Funktion der Knotenvariablen wird als Summe von Gebiets- und Randintegralen aufgebaut. Im Fall von stationären Problemen entsteht dabei

$$I = u^{\mathrm{T}} K u + d^{\mathrm{T}} u + c .$$

Dabei ist u der Vektor der Knotenvariablen, K ist eine symmetrische und in der Regel sogar positiv definite Matrix, d der Koeffizientenvektor der linearen Terme und c eine Konstante. Die Stationarität des Funktionals führt zu dem Gleichungssystem

$$K u + d = 0 .$$

Es ist ersichtlich, dass bei diesen Problemen nur die Matrix K und der Vektor d wirklich benötigt werden. Damit lässt sich die Steifigkeitsbeziehung wie folgt formulieren:

$$f = K u .$$

Die Matrix K ist die sogenannte Steifigkeitsmatrix und f stellt die Belastungskomponenten dar. Wenn vorausgesetzt wird, dass die Kraftkomponenten f bekannt sind, kann die Steifigkeitsbeziehung nach u aufgelöst werden.

13.2 Lösung von Strukturoptimierungsproblemen mit SQP-Verfahren

Ausgangspunkt ist die Zustandsgleichung

$$K(s)u = R(s) , \tag{13.3}$$

wobei dieses Gleichungssystem in der Regel in jedem Iterationsschritt zu lösen ist. Falls jedoch die Steifigkeitsmatrix $K(s)$ zusätzlich von den Verschiebungen u abhängt, ist ein Iterationsverfahren – etwa das Newton-Verfahren – anzuschließen. Da nach [67] das obige Gleichungssystem nur im Lösungspunkt zu erfüllen ist kann dem Strukturoptimierungsproblem bzgl. der Variablen s und u die zusätzlichen Gleichheitsrestiktionen $K(s)u = R(s)$ hinzugefügt werden.

Das sich ergebende Problem lautet

$$
\begin{aligned}
f(s,u) = \text{min!} \quad \text{bei} \quad (s,u) \in G \quad \text{mit} \\
G = \{(s,u) : g(s,u) = 0; \quad h(s,u) \leq 0\}
\end{aligned}
\tag{13.4}
$$

mit $g(s,u) := K(s)u - R(s)$. Für einen Iterationspunkt s_k, u_k erhält man bei einem SQP-Verfahren das Teilproblem

$$
\frac{1}{2}\begin{pmatrix} d \\ e \end{pmatrix}^{\mathrm{T}} B_k \begin{pmatrix} d \\ e \end{pmatrix} + \nabla f(s_k, u_k)^{\mathrm{T}} \begin{pmatrix} d \\ e \end{pmatrix} \quad \text{min!} \tag{13.5}
$$

$$
\begin{aligned}
\nabla g(s_k, u_k)^{\mathrm{T}} \begin{pmatrix} d \\ e \end{pmatrix} + g(s_k, u_k) = 0 \\
\nabla h(s_k, u_k)^{\mathrm{T}} \begin{pmatrix} d \\ e \end{pmatrix} + h(s_k, u_k) \leq 0\,.
\end{aligned}
\tag{13.6}
$$

Zur Lösung von (13.2) wird man also zuerst dieses Gleichungssystem lösen, wobei man ein vorhandenes Unterprogramm zur Lösung der Zustandsgleichung verwenden kann. Es ergibt sich ein reduziertes Teilproblem, das dieselbe Dimension besitzt wie das auf dem klassischen Zugang basierende Teilproblem. Zu beachten ist allerdings, dass wir für die eliminierten Gleichheitsrestriktionen von (13.5) nachträglich die zugehörigen Multiplikatoren berechnen müssen. Auch wird (QP) u. U. um eine Variable vergrößert, um Inkonsistenz der linearisierten Restriktionen abzufangen. Das sind aber nur organisatorische Probleme. Ein wichtiger Vorteil scheint mit darin zu liegen, dass jetzt die Bedingung $K(s)u = R(s)$ nur noch im Lösungspunkt erfüllt ist. Die Lösungsstrategie ist aus dem Schema in Abb. 13.2 ersichtlich.

Bei sehr großen Problemen sollte man die alternative Lösung im Auge behalten, ein lineares Teilproblem aufzustellen. Dann werden jedoch zusätzliche Schranken für d und e benötigt (Trust- Region), die eventuell durch die vorgeschlagene Transformation verletzt werden können. Es sind dann besondere Vorsorgemaßnahmen durchzuführen. Die skizzierte Strategie wurde im Programmpaket FEM-Soft 1.1 [68] implementiert. Dieses System ist nicht Bestandteil des vorgestellten C++-Programmsystems. Das Programmsystem FEM-Soft 1.1 wurde dazu genutzt, eine Stahlbrücke zu optimieren (Abb. 13.3). Ausgehend von der Anfangsstruktur werden zwei Situationen betrachtet. In der ersten Situation wird angenommen, dass die Grundstruktur fest vorgegeben ist und die Querschnitte der einzelnen Brückenelemente zur Disposition stehen.

Die Eingangswerte und die Nebenbedingungen haben folgende Gestalt:

$$
\begin{aligned}
F &= 20\,000\,\mathrm{N} \\
A_i &= 1000\,\mathrm{mm}^2 \\
A_{i,\min} &= 10\,\mathrm{mm}^2 \\
A_{i,\max} &= 4000\,\mathrm{mm}^2 \\
\sigma_{\mathrm{zul}} &= 380\,\mathrm{N/mm}^2 \\
f(x) &= 0.469\,706 \cdot 10^8\,.
\end{aligned}
$$

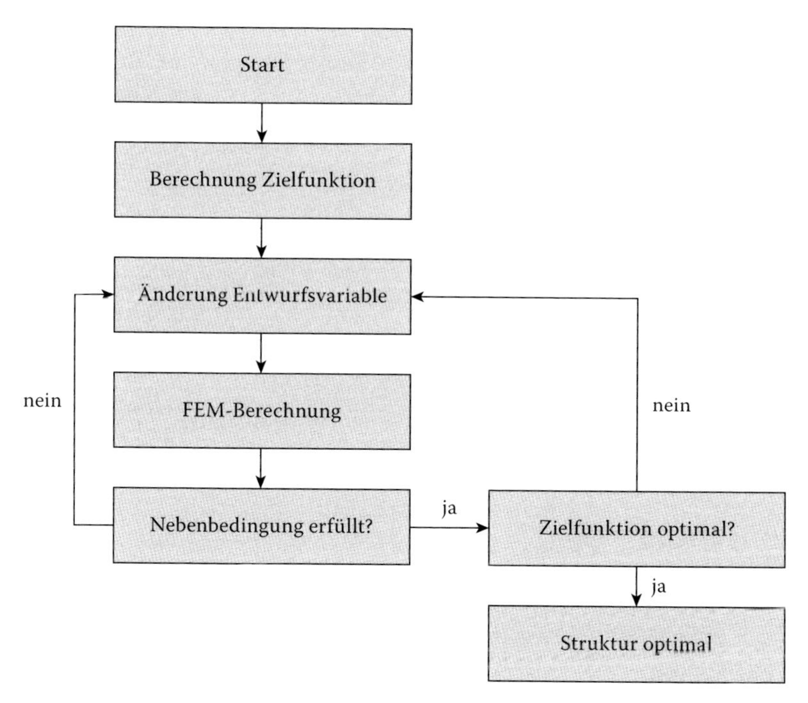

Abb. 13.2 Lösungsprinzip der Strukturoptimierung.

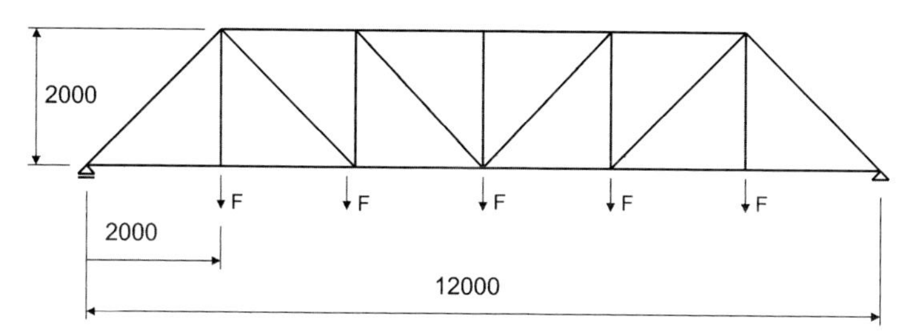

Abb. 13.3 Ausgangsabmessungen der Brücke.

Nach 2 Iterationen sind die optimalen Querschnitte berechnet (Abb. 13.4):

$$
\begin{aligned}
A_1 &= 186.08\,\text{mm}^2 & A_{12} &= 236.84\,\text{mm}^2\\
A_2 &= 131.58\,\text{mm}^2 & A_{13} &= 37.22\,\text{mm}^2\\
A_3 &= 52.36\,\text{mm}^2 & A_{14} &= 210.53\,\text{mm}^2\\
A_4 &= 210.53\,\text{mm}^2 & A_{15} &= 26.32\,\text{mm}^2\\
A_5 &= 111.65\,\text{mm}^2 & A_{16} &= 210.53\,\text{mm}^2\\
A_6 &= 131.58\,\text{mm}^2 & A_{17} &= 111.65\,\text{mm}^2\\
A_7 &= 26.32\,\text{mm}^2 & A_{18} &= 131.58\,\text{mm}^2\\
A_8 &= 236.84\,\text{mm}^2 & A_{19} &= 52.63\,\text{mm}^2\\
A_9 &= 37.22\,\text{mm}^2 & A_{20} &= 186.08\,\text{mm}^2\\
A_{10} &= 210.35\,\text{mm}^2 & A_{21} &= 131.58\,\text{mm}^2\ .\\
A_{11} &= 10.00\,\text{mm}^2 & &
\end{aligned}
$$

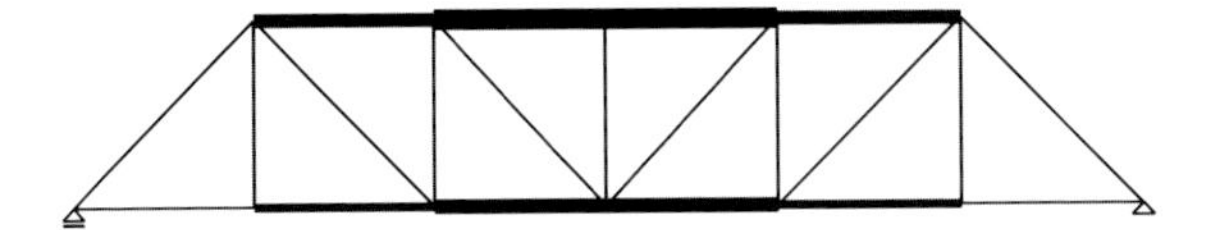

Abb. 13.4 Querschnittsoptimale Brücke.

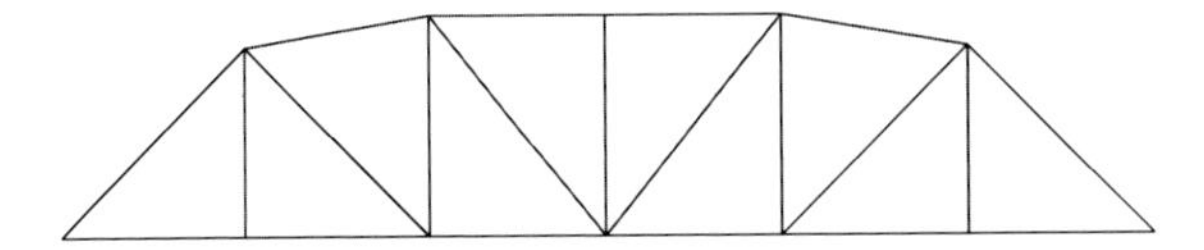

Abb. 13.5 Die optimierte Brücke.

In der zweiten Situation sind die Querschnitte konstant und die Längen der einzelnen Strukturelemente stehen zur Disposition.

Die optimale Struktur ist in Abb. 13.5 dargestellt.

Die Optimierung der Brücke über das Hinzufügen und Weglassen von Strukturelementen – die Strukturoptimierung im engeren Sinn – geht über den Rahmen des Buches hinaus.

13.3 Ein weiteres Beispiel

Mit dem System FEM-Soft 1.1 wurde eine kuppelförmige Konstruktion optimiert: Zielfunktion ist das Gewicht einer Kuppel, welches möglichst gering sein soll.

Vorgegebene Nebenbedingungen sind der Radius, die Anzahl der Sektionen der Kuppel sowie das E-Modul des verwendeten Materials und zulässige Lasten für die FE-Knoten der einzelnen Kuppelebenen (Kreise).

Darüber hinaus ist die Winkelöffnung vorgegeben, d.h. der Winkel desjenigen Kreissektor, welcher als Begrenzung den Schnitt der Kuppel besitzt.

Die optimale Gestalt erkennt man in Abb. 13.6.

Im Programm werden außerdem die Abmessungen der einzelnen Stäbe und die für die Lösung wesentlichen Spannungen in der Kuppel angezeigt.

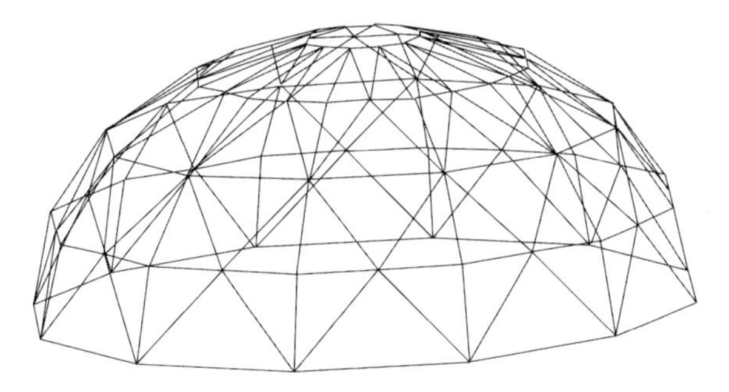

Abb. 13.6 Die optimierte Kuppel.

14
Optisoft – Ein C++-Softwaresystem zur Optimierung

14.1
Einführung

Optisoft ist ein C++-Softwaresystem zur Modellbildung und numerischen Lösung mathematischer Optimierungsprobleme. Das System ist dialogorientiert. Es wird in einer konsoleorientierten Version bereitgestellt. Eine mögliche Realisierung auf der Basis einer grafischen Benutzerschnittstelle wird skizziert.

Dabei muss darauf hingewiesen werden, dass bis zur grafischen Oberfläche noch einige Schritte zu gehen sind. Die im Buch formulargerecht als Klassen bereitgestellten Beispiele und Solver sind mit den Objekten des Formulars zu verknüpfen. Die Ein- und Ausgabe mit den Memberfunktionen input() und output() erfordert zusätzliche Überlegungen, da z. B. Eingabezeichen in numerische Werte umgewandelt werden müssen. Dies ist nicht Gegenstand des Buches und spielt auch in der Programmsammlung „Optisoft" keine Rolle.

Die im Folgenden betrachteten Optimierungsaufgaben sind Probleme

- der linearen Optimierung,
- der quadratischen Optimierung,
- der nichtlinearen Optimierung und
- der Parameterschätzung.

Implementierungen zur optimalen Steuerung und zur der Strukturoptimierung sind separat verfügbar. Sie sind recht komplex und werden u. U. später hinzugefügt. Das System arbeitet menügesteuert, d. h. es bietet folgende Leistungen:

- Der Nutzer wird darüber informiert, wie ein Problem formuliert und gelöst wird.
- Alle Aktionen des Systems laufen menügesteuert ab; dies betrifft sowohl die Formulierung als auch die Lösung des Optimierungsproblems.
- Vom System wird nach weitgehend natürlichsprachlicher Eingabe ein C++-File erzeugt, welches die Klasse „problem" enthält. Diese ist dabei als Template im Administrationsprogramm „generate" vorgefertigt. Die nichtlinearen Problemfunktionen werden in einer Folge von C++-Anweisungen als Memberfunktion definiert. Die problemspezifischen Daten werden den Membervaria-

Optimierung in C++, 1. Auflage. Claus Richter.

blen im Konstruktor zugewiesen. Die generierte Klasse „problem“ wird unter einem vom Nutzer definierten Namen als Headerdatei gespeichert.
- Das System erzeugt einen vollständigen C++-Quelltext als Hauptprogramm mit Solver und zugehörigen Hilfsprogrammen als Klasse „test“ sowie der vererbenden Klasse „problem“ als einzubindende Headerdatei.

In der implementierten Version ist es möglich, das erzeugte C++-Programm durch eine geeignete C++-Entwicklungsumgebung zu compilieren und zu linken. Empfehlenswert ist hierfür das von Thomas Cassebaum bereitgestellte System „SmallCpp“ (http://www.t-cassebaum.de/), welches auch zur Realisierung des beschriebenen Programmsystems verwendet wurde. In einer geplanten Version wird ein Parser verfügbar sein, und das Programm wird automatisch compiliert, gelinkt und ausgeführt.

Für jedes nichtlineare Problem sind Codes für mehrere verschiedene mathematische Algorithmen verfügbar. Die Auswahl eines passenden Codes ist abhängig vom Typ des Problems und der Erfahrung des Benutzers.

14.2 Allgemeine Informationen über Optisoft

Die Entwicklung von effizienten und zuverlässigen Algorithmen für die Lösung praktischer Optimierungsprobleme war ein wesentliches Forschungsgebiet der letzten 50 Jahre in der mathematischen Optimierung. Gegenwärtig liegen umfangreiche Erfahrungen über die Leistungsfähigkeit von zugehörigen Computerprogrammen vor. Es sind auch Softwaresysteme verfügbar, welche die Modellbildung, Problemlösung und Reportgenerierung unterstützen. Diese Systeme sind für den Anwender, der in vielen Fällen nicht die Zeit hat bzw. nur mit viel Mühe in der Lage ist, sich mit den mathematischen Hintergründen auseinanderzusetzen, eine große Hilfe. Für denjenigen, der die Wirkungsweise der implementierten Algorithmen nachvollziehen möchte und die Quelltexte evtl. separat nutzen oder gar für seine Belange modifizieren möchte, sind durch diese Systeme oft Grenzen gesetzt. Optisoft möchte als kleines System beide Anliegen unterstützen:

- Die nutzerfreundliche Unterstützung von Anwendern bei der Lösung praktischer Probleme auf der einen Seite und
- die Beschreibung der Algorithmen sowie die Offenlegung der darauf beruhenden Implementierungen und Quelltexte auf der anderen Seite.

Optisoft ist ein interaktives Programmiersystem, das die Modellbildung und Lösung von mathematischen Optimierungsproblemen unterstützt. Es enthält verschiedene Optionen, die die computergerechte Formulierung von Funktionen, die das zu lösende Problem beschreiben (Problemfunktionen), erleichtern. So werden bei der Formulierung der Zielfunktion oder der Nebenbedingungen spezielle Strukturen ausgenutzt, wann immer dies möglich ist. Dies betrifft den linearen oder quadratischen Charakter der Zielfunktion in gleicher Weise, wie spezielle

Parameterschätzprobleme. Diese werden durch eine oder mehrere Modellfunktionen beziehungsweise durch Differenzialgleichungen beschrieben.

Folgende Aufgabenklassen werden – teilweise durch mehrere Verfahren – berücksichtigt:

- Verfahren der Linearen Optimierung
  - Simplexverfahren
  - Revidiertes Simplexverfahren
- Verfahren der Quadratischen Programmierung
  - Relaxationsverfahren von Hidreth und d'Esopo
  - Methode der aktiven Restriktionen von Fletcher
- Minimierung
  - Ableitungsfreie Verfahren
    - Stochastische Suche
    - Koordinatenweise Suche
    - Polytopverfahren
  - Ableitungsbehaftete Verfahren
    - Verfahren des steilsten Abstiegs
    - Verfahren der konjugierten Gradienten
    - Newton-Verfahren
    - Newton-Verfahren mit konsistenter Approximation
    - Verfahren der variablen Metrik
- Optimierungsverfahren für Aufgaben mit Nebenbedingungen
  - Direkte Suchverfahren
    - Stochastisches Suchverfahren
    - Erweitertes Polytopverfahren
  - Verfahren mit Ableitungen
    - Schnittebenenverfahren
    - SQP-Verfahren
    - Erweitertes Newton-Verfahren
    - Straf-Barriere-Verfahren
- Innere-Punkt-Verfahren der Linearen Optimierung
  - Verfahren von Karmarkar
  - Kurzschrittverfahren
- Parameterschätzung
  - Algebraische Modelle
  - Differenzialgleichungsmodelle

Die in Optisoft verwendeten und in den vorherigen Kapiteln beschrieben Algorithmen sollen in zukünftigen Versionen durch weitere ergänzt werden. Außerdem sollen Schnittstellen zu anderen oft verwendeten mathematischen Bibliotheken, z. B. Matlab hinzugefügt werden.

14.3 Handhabung von Optisoft

Für lineare und quadratische Optimierungsprobleme reduziert sich die Erklärung der Zielfunktion und der Nebenbedingungen auf die Eingabe der Koeffizienten und Matrizen. Die Ableitungen nichtlinearer Funktionen lassen sich näherungsweise berechnen, sie können aber auch vom Nutzer in analytischer Form zur Verfügung gestellt werden.

Vom Nutzer müssen nur die problemrelevanten Daten interaktiv zur Verfügung gestellt werden. Die Definition allgemeiner Funktionen erfolgt durch eine Folge von C++-Anweisungen mit dem Ziel, einen numerischen Wert an das übergeordnete Programm unter dem Namen der Funktion zurückzugeben. Optisoft unterstützt die Auswahl eines geeigneten mathematischen Algorithmus zur Lösung eines formulierten Problems. Durch das System wird ein C++-Quellprogramm in einer Konsole-Version oder in einer formularorientierten Version generiert. Die erzeugte Datei wird unter „ProblemnameMethodname.cpp“ gespeichert. Es kann durch eine übliche C++-Umgebung (in der formularorientierten Arbeitsweise mit GUI) compiliert, gelinkt und ausgeführt werden. Die numerischen Ergebnisse werden in der Datei „problemname+method.dat“ gespeichert, sodass sie für die weitere Verarbeitung verfügbar sind. Der Nutzer kann das erzeugte C++-Programm mit eigenen Dateien verbinden. Er kann auch zusätzliche Funktionen, Vereinbarungen und ausführbare Anweisungen einfügen, um sein zu lösendes Problem zu formulieren. Das Grundprinzip von Optisoft wird durch das Schema (Abb. 14.1) skizziert.

Im Einzelnen sind folgende Schritte realisierbar:

- Formulierung eines Optimierungsproblems der Klasse L, Q, U, C oder P
- Eingabe der Ordnung O der bereitgestellten Ableitungen (0, 1 oder 2)

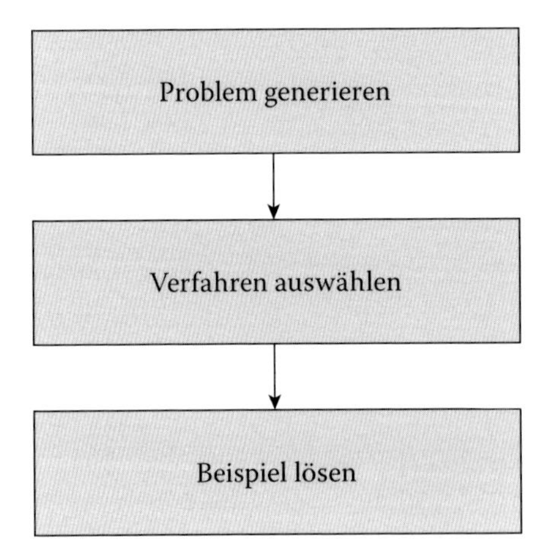

Abb. 14.1 Grundprinzip der Arbeit von Optisoft.

- Automatische Speicherung des Problem unter „problemklasse+problemname +ableitungsordnung.h“, also z. B. „u7141.h“, im Verzeichnis „C:\optisoft\problems“, Ergebnis: „C:\optisoft\problems\u7141.h“
- Auswahl einer Methode „method.h“ der Klasse L, Q, U, C, P, z. B. „cg“ zur Lösung des aufgerufenen Problems, z. B. „u7141“.
- Die erzeugte Datei wird als Beispiel „problemname+methode.cpp“ gespeichert
- Lösung des Beispiels „problemname+method.cpp“

Die Arbeit von Optisoft wird durch selbsterklärende Kommandos gesteuert. Diese werden in Form von Menüs bereitgestellt. Auf der ersten Ebene sind dies

- P – Formulierung des Problems
- B – Auswahl des Algorithmus
- A – Lösung des Problems

Das Hauptmenü in der Konsoleversion hat folgende Gestalt:

```
                    O P T I S O F T

           Claus Richter: Optimierung in C++

          Welche Optionen möchten Sie nutzen?

            Formulierung Problem:   P
            Erzeugung Beispiel:     B
            Ausführung Beispiel:    A
            Ende:                   E
            Eingabe:
```

Für die Gestaltung in der Formularversion kann der Entwurf in Abb. 14.2 als Modell dienen.

14.3.1 Formulierung eines Problems

Nach Eingabe eines ‚P‘ (bzw. Klicken des FORMULIERUNG-Buttons im Formular) wird ein weiteres Menü geöffnet. Jetzt ist es möglich, die Problemklasse zu wählen.

Konsole:

OPTISOFT	
Problemformulierung	
Problemtyp:	
Unbeschränkte Minimierung:	P
Beschränkte Optimierung:	U
Lineare Optimierung:	L
Quadratische Optimierung:	Q
Parameterschätzung:	P
Eingabe:	

Das entsprechende Formular könnte die Gestalt wie in Abb. 14.3 haben.

Das Dialogmenü der unterschiedlichen Problemtypen ist selbsterklärend und wird am Beispiel der Parameteridentifikation für einen polynomialen Ansatz ver-

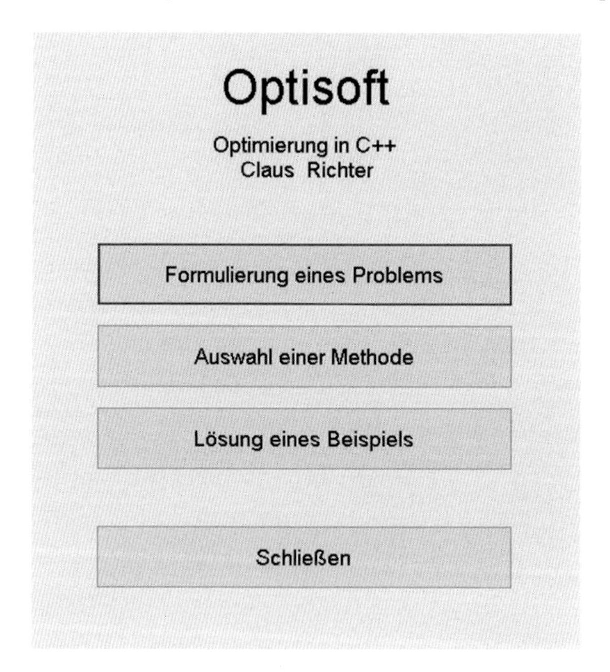

Abb. 14.2 Optisoft – Hauptmenü.

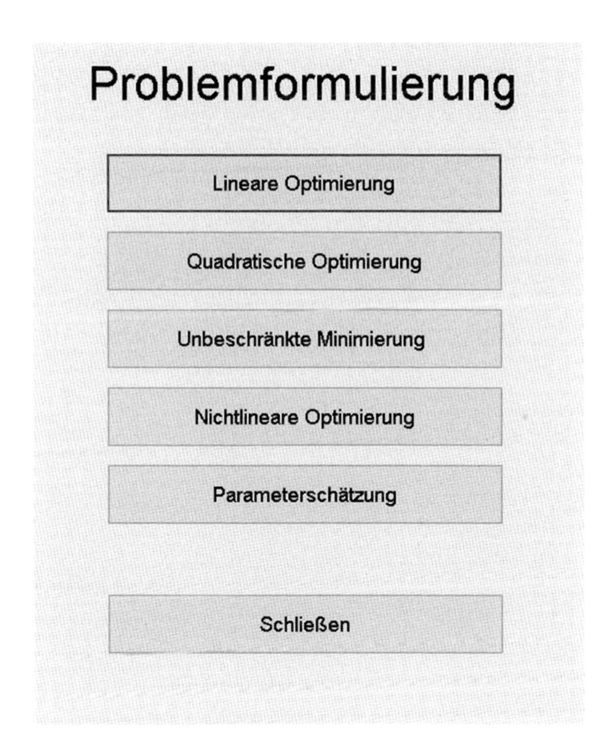

Abb. 14.3 Optisoft-Problemformulierung.

anschaulicht. Dieses Beispiel wird später noch ausführlich betrachtet:

OPTISOFT

Problemformulierung Parameteridentifikation

Modellfunktion Polynom: P
Modellfunktion linear in den Koeffizienten: L
Nichtlineares algebraisches Modell: N
Eingabe: L

		Messpunkte		Messwerte	
		tl:	0	vl:	0
Problemname	p112	t2:	2	v2:	1
Anzahl der Parameter	3	t3:	4	v3:	−1
Anzahl der Messungen	5	t4:	6	v4:	3
		t5:	8	v5:	−4

Für die Parameterschätzung ist das Eingabeformular von Abb. 14.4 vorstellbar.

Nachdem der Problemname eingegeben wurde, muss die Dimension des Problems (z. B. Anzahl der Variablen und Nebenbedingungen), sowie die Verfügbar-

Parameterschätzung

Problemname

Modelltyp (P,L,N,D)

Anzahl Parameter

Anzahl Meßpunkte

Modellfunktion

Messpunkte

Messwerte

Speichern

Schließen

Abb. 14.4 Eingabeformular Parameterschätzung.

keit von ersten und zweiten Ableitungen der problembeschreibenden Funktionen eingegeben werden.

14.3.1.1 **Unbeschränkte Minimierung**

Es ist das Minimum der folgenden Funktion gesucht:

$$f(x) = x_1^4 - 2x_1^3 + x_2^2 + x_1^2 x_2 - 4x_1 x_2 + 3 \tag{14.1}$$

bei $x \in R^2$, Ableitungen sind nicht verfügbar.

Die Eingangsinformationen sind:

- Problemtyp: U
- Problemname: u7130
- Anzahl der Variablen: 2
- Ableitungen analytisch verfügbar?
  (0 – nein
  1 – 1. Ableitung
  2 – 2. Ableitung) 0
- Zielfunktion:
  f=pow(x[1],4)-pow(x[1],3)+pow(x[2],2)+pow(x[1],2)*x[2]-4*x[1]* x[2]+3

Erzeugte Headerdatei 7130.h

```
//C:/optisoft/problems/u7130.h
#include <math.h>
#include <string>
using namespace std;
```

```
class problem
{ public: double x[2];
          double*px;
          double *pa[2];
          int n, der;
          string probname;
          problem()
          { der =0;
            n=2;
            probname="u7130";
          };
          double f(double *x)
          { px=x;
            return pow(x[1],4)-2*pow(x[1],3)+x[2]*x[2]+x[1]*x[1]*x[2]-4*x[1]*x[2]+3;
          };
};
```

14.3.1.2 Lineare Optimierung

Für einige Klassen von Optimierungsverfahren (Lineare Optimierung, Quadratische Optimierung, bestimmte Parameteridentifikationsaufgaben) sind ausschließlich numerische Informationen erforderlich, um ein konkretes Problem zu formulieren.

Für die Lineare Optimierung betrachten wir das folgende Beispiel:

$$z = -2x_1 - 3x_2 = \min! \tag{14.2}$$

bei

$$2x_1 + 4x_2 \leq 16\ , \tag{14.3}$$

$$2x_1 + x_2 \leq 10\ , \tag{14.4}$$

$$4x_1 \leq 20\ , \quad 4x_2 \leq 12\ . \tag{14.5}$$

Die Eingabeinformationen sind:

- Problemtyp: L
- probname: l5130
- Anzahl der Variablen: 2
- Anzahl der Nebenbedingungen: 4
- Koeffizienten der Zielfunktion: c1=-2, c2=-3
- Koeffizienten der Nebenbedingungen:

$$\begin{array}{lll} a11 = 2 & a12 = 4 & b1 = 16 \\ a21 = 2 & a22 = 1 & b2 = 10 \\ a31 = 4 & a32 = 0 & b3 = 20 \\ a41 = 0 & a42 = 4 & b4 = 20 \end{array}$$

Erzeugte Header-Datei l5130.h

```
class problem
{ public: double a[20][20];
        int m,n;
        string probname;
        problem()
        { probname="15130";
          n=2;
          m=4;
          // Bsp1
          // Bsp1
          a[1][1]=2;
          a[1][2]=4;
          a[1][3]=1;
          a[1][4]=0;
          a[1][5]=0;
          a[1][6]=0;
          a[2][1]=2;
          a[2][2]=1;
          a[2][3]=0;
          a[2][4]=1;
          a[2][5]=0;
          a[2][6]=0;
          a[3][1]=4;
          a[3][2]=0;
          a[3][3]=0;
          a[3][4]=0;
          a[3][5]=1;
          a[3][6]=0;
          a[4][1]=0;
          a[4][2]=4;
          a[4][3]=0;
          a[4][4]=0;
          a[4][5]=0;
          a[4][6]=1;
          a[5][0]=0;
          a[5][1]=-2;
          a[5][2]=-3;
          a[5][3]=0;
          a[5][4]=0;
          a[5][5]=0;
          a[5][6]=0;
          a[1][3]=16;
          a[2][3]=10;
          a[3][3]=20;
          a[4][3]=12;
          a[5][3]=0;
        };
};
```

14.3.1.3 Nichtlineare Optimierungsaufgabe

Die Funktion

$$f(x) = (x_1 - 4)^2 + (x_2 - 4)^2 \tag{14.6}$$

ist unter der Nebenbedingung

$$g(x) = x_1^2 + x_2^2 - 1 \leq 0 \tag{14.7}$$

zu minimieren.

Dazu sind folgende Informationen einzugeben:

- Problemtyp: C
- probname: c8430
- Anzahl der Variablen: 2
- Anzahl der Nebenbedingungen: 1
- Verfügbarkeit der Ableitungen: 1
- Zielfunktion: f = pow(x[1]-4,2) + (x[2]-4,2)
- Nebenbedingung: g[1] = x[1]*x[1]+x[2]*x[2]-1
- Ableitungen:

$$\begin{aligned} \mathrm{d}f/\,\mathrm{d}x[1] &= 2 * (x[1] - 4) \\ \mathrm{d}f/\,\mathrm{d}x[2] &= 2 * (x[2] - 4) \\ \mathrm{d}g[1]/\,\mathrm{d}x[1] &= 2 * x[1] \\ \mathrm{d}g[1]/\,\mathrm{d}x[2] &= 2 * x[2] \end{aligned}$$

Erzeugte Header-Datei c8430.h

```
class problem
{ public: double x[20],u[20],c[20],zz;
        double*px, *pu;
        double *pc[20],*pa[20];
        int der,m,n;
        string probname;
        problem()
        { der=1;
          m=1;
          n=2;
          probname="c8431";
        };
        double f(int i,double *x)
        { px=x;
          if (i==1) return (x[1]*x[1]+x[2]*x[2]-1);
          if (i==2) return ((x[1]-4)*(x[1]-4)+(x[2]-4)*(x[2]-4));
        };
        double df(int i,int j, double *x)
        { int k;
          px=x;
          double fstr;
          k=i*n+j;
```

```
        switch(k)
    { case 3: fstr=2*x[1];
            break;
      case 4: fstr=2*x[2];
            break;
      case 5: fstr=2*(x[1]-4);
            break;
      case 6: fstr=2*(x[2]-4);
            break;
      default:;
          };
          return fstr;
        };
};
```

14.3.1.4 **Parameterschätzung**

Polynom als Modellfunktion

Für die Messreihe

i	1	2	3	4	5	6
t_i	1.0	2.0	3.0	4.0	5.0	6.0
y_i	−1.0	1.5	0.1	3.5	−1.0	2.0

ist ein Polynom

$$p_3(t) = x_2 * t^2 + x_1 * t + x_0 \tag{14.8}$$

als Ausgleichsfunktion gesucht. Die notwendigen Eingangsinformationen sind:

- Problemtyp: P
- Modelltyp: P
- probname: p1121
- Anzahl der Parameter: 3
- Anzahl der Messwerte: 4

Erzeugte Header-Datei p1121

```
 class problem
{ public: string probname;
        double a[20][20];
        char typ;
        int k,n;
        double x[5];
        double u[20];
        double t[7],v[7];
        problem()
        { probname="p1121";
```

```
        typ='P',n=4,k=6;
        t[1]=1;
        t[2]=2;
        t[3]=3;
        t[4]=4;
        t[5]=5;
        t[6]=6;
        v[1]=-1.0;
        v[2]=1.5;
        v[3]=0.1;
        v[4]=3.5;
        v[5]=-1;
        v[6]=2;
    };
    double f(double *x)
    {
    };
};
```

Die Modellfunktion ist in den zu bestimmenden Koeffizienten linear
Für die Messreihe

i	1	2	3	4	5
t_i	0.0	2.0	4.0	6.0	8.0
y_i	0.0	1.0	−1.0	3.0	−4.0

sind in der Linearkombination der Modellfunktion

$$f(t) = x_1 * \sin t + x_2 * \cos t * x_3 * \exp(-t) \tag{14.9}$$

die Koeffizienten x_1 und x_2 zu bestimmen.

Dazu sind die folgenden Informationen einzugeben:

- Problemtyp: P
- Modelltyp: L
- probname: p1122
- Anzahl der Parameter: 3
- Anzahl der Messwerte: 4

```
//p1122
#include <math.h>
class problem
{ public: string probname;
        double a[20][20];
        char typ;
        int n,k;
        double x[20],t[20],v[20];
```

```
        problem()
        { probname="p1122";
          typ='L';
          n=3;
          k=5;
          t[1]=0;
          t[2]=2;
          t[3]=4;
          t[4]=6;
          t[5]=8;
          v[1]=0;
          v[2]=1;
          v[3]=-1;
          v[4]=3;
          v[5]=-4;
        }
        double h(int i,double t)
        { double zz;
          switch(i)
   { case 1: zz=sin(t);
            break;
    case 2: zz=cos(t);
            break;
    case 3: zz=exp(-t);
            break;
    default:;
          };
          return zz;
        };
};
```

Modellfunktion mit nichtlinearer Abhängigkeit von den zu ermittelnden Koeffizienten
Für die Messreihe

i	1	2	3	4
t_i	–2.0	–1.0	0.0	1.0
y_i	0.5	1.0	2.0	4.0

ist eine nichtlineare Modellfunktion der Form

$$f(*\, x, t) = e^{x_1 + x_2 * t} \tag{14.10}$$

zu bestimmen.

Einzugebende Informationen sind:

- Problemtyp: P
- Modelltyp: N

- probname: p1141
- Anzahl der Parameter: 2
- Anzahl der Messwerte: 4

```
class problem
{ public: string probname;
        double*px, *pu;
        double *pa[20];
        double a[20][20];
        char typ;
        int k,n;
        double x[3];
        double u[20];
        double t[5],v[5];
        problem()
        { typ='N',n=2,k=4;
          x[1]=1;
          x[2]=2;
          t[1]=-2;
          t[2]=-1;
          t[3]=0;
          t[4]=1;
          v[1]=0.5;
          v[2]=1;
          v[3]=2;
          v[4]=4;
          probname="p1141";
        };
        double h(int i,double *x)
        { return exp(x[1]+t[i]*x[2])-v[i];
        };
        double dh(int i,int j, double *x)
        {
        };
        double f(double *x)
        { double fw;
          int i;
          fw=0;
          for(i=1;i<k+1;i++) fw=fw + pow(h(i,x),2);
          return fw;
        };
};
```

14.3.2 Auswahl des Algorithmus

Die Auswahl eines Verfahrens „method.h“ aus der Klasse L, Q, U, C, P zur Lösung der Aufgabe „probname.h“ wird an einem Beispiel demonstriert.

Der erzeugte Quelltext wird als Beispiel probname+method+„.cpp“ gespeichert. Die Aufgabe „u7130.h“ wird durch das stochastische Suchverfahren stoch.h gelöst. Die notwendigen Eingangsinformationen sind:

- Problemtyp: U
- probname: u7130
- Methode: stoch

```
#include <iostream.h>
#include <fstream.h>
#include <math.h>
#include "C:/optisoft/examples/problems/utest0108080.h"
#include "C:/optisoft/examples/methods/stoch.h"
int main()
{ test h;
 h.input();
  h.solve();
  output(2);
  getchar();
  return 0;
} \end
```

Das Untermenü hat in der Konsoleversion die folgende Gestalt:

OPTISOFT

Erzeugung eines Beispiels

Auswahl des Problems und des Verfahrens

Problemtyp:	
Minimierung:	U
Nichtlin. Optimierung:	C
Lineare Optimierung	L
Quadratische Optimierung	Q
Parameteridentifikation	P
Ende:	E
Eingabe:	***P***

OPTISOFT

Erzeugung eines Beispiels

Parameteridentifikation

Auswahl des Problems und des Verfahrens

Problemname (Prob.typ-Name-vorhandene Ableitungen 0-1-2): ***p1230***

Modellfunktion	Methode
Polynom:	parest1
Linearkombination:	parest2
Nichtlinear-stoch. Verfahren:	parest3
Nichtlinear-Gauss-Netwton:	parest4
Differenzialgleichung:	parest5

Eingabe: ***parest2***

Die Formularversion könnte das Aussehen wie in Abb. 14.5 besitzen. Das Ergebnis des Schrittes *Algorithmus auswählen* wird im Ordner *Beispiele* gespeichert. Schließlich ist es im Schritt *Programm ausführen* möglich, das gespeicherte Beispiel aufzurufen, zu compilieren und auszuführen, ohne die Entwicklungsumge-

Erzeugung eines Beispiels

Problemtyp (L,Q,U,C,P)

Ableitungen verfügbar (0,1,2)

Problemname

Methode

Beispielparameter eintragen

Beispiel speichern

Schließen

Abb. 14.5 Erzeugung eines Beispiels.

```
c8530ernewton
Fri Feb 26 21:25:58 2016

Abbruchgenauigkeit0.0001

Startpunkt:
 xs[1]:1
 xs[2]:1
 xs[3]:1
 xs[4]:1

Iterationszahl=19

Näherungslösung:
 x[1]:-3.71439e-08
 x[2]:1
 x[3]:2
 x[4]:-1

 Funktionswert f=-44

Nebenbedingung g[1]=4.44769e-08
Nebenbedingung g[2]=-2
Nebenbedingung g[3]=6.47421e-08
```

Abb. 14.6 Gespeicherte Lösung des Rosen-Suzuki-Problems.

bung aufzurufen. Die Resultate werden dann in einer Form gespeichert, wie sie beispielhaft in Abb. 14.6 dargestellt ist.

14.4 Übersicht über Softwarepakete

Nachfolgend wird eine Übersicht über Softwarepakete der Optimierung gegeben. Sie enthalten Implementierungen von Verfahren zur Lösung von Aufgaben der folgenden Problemklassen.

Die Abkürzungen bedeuten:

- U – Unbeschränkte Minimierung
- C – Nichtlineare Optimierung
- L – Lineare Optimierung
- Q – Quadratische Optimierung
- P – Parameterschätzung
- N – Nichtlineare Gleichungen

Name	L	Q	U	C	P	N
MATLAB	×	×	×	×	×	×
EMP	×	×	×	×	×	×
KNITRO	×	×	×	×	×	×
LANCELOT (Release A)			×	×	×	×
HARWELL Library	×		×	×	×	
LOQO	×		×	×		
MINPACK-1			×	×		
PORT 3	×	×			×	×
TENSOLVE					×	×
MINOS	×		×	×		
MOSEK	×			×		
LINGO	×		×	×		
SNOPT	×	×	×	×		
OPTPACK			×	×		
OSL	×	×				
CPLEX	×	×				
LINDO	×	×				
SQOPT	×	×				
SNOPT	×	×		×		
QPOPT	×	×				

Anhang A
Referenzmanual

Aufbau eines C++-Programms

Bestandteil	Syntax	Beispiel
Präprozessordirektive	Eingeleitet durch #	#include <iostream.h>
		int main()
Programmkopf	Typ des Rückgabewertes main()	{ int a;
	{	
Vereinbarung der Variablen	Variablentyp Variablenname	
		return 0;
Verarbeitungsteil		
	Anweisung 1;	cin ≫ a;//Eingabe von a
	Anweisung 2;	cout ≪ a;//Ausgabe von a
	:	
	:	
	Anweisung n;	getchar();
	return 0;	return 0;//Rückgabe von 0
	}	}

Datentypen

Typ	Bezeichner	Wertebereich
Zeichen	char	ASCII-Code (compilerabhängig)
Ganze Zahlen	shortint	−32 768. . . 32 767
	int	−2 147 483 648. . . 2 147 483 647
	long int	−2 147 483 648. . . 2 147 483 647
Gleitkommazahlen	float	(−)340 282e+38
	double/longfloat	(−)279 769e+308
	long double	(−)118 973e+4932
Boolesche Variable	bool	true, false

Optimierung in C++, 1. Auflage. Claus Richter.

Schlüsselworte

Schlüsselworte sind Merkmal jeder Programmiersprache. Durch sie werden die meisten Konstruktionen möglich. Die Sprache C++ zeichnet sich durch einen geringen Umfang an Schlüsselworten aus. Die wichtigsten von ihnen sind

bool	break	case	class	const	continue	delete
default	do	double	else	false	float	for
friend	int	new	private	protected	public	return
struct	switch	template	this	typedef	union	while

Operatoren

Typ	Operation	Symbol
Arithmetische Operationen	Addition	+
	Subtraktion	–
	Multiplikation	*
	Division	/
	Modulo-Division	%
Zuweisungen	Einfache Zuweisung eines Ausdrucks	=
	Zuweisung und Addition: $a = a + b$	+=
	Zuweisung und Subtraktion: $a = a - b$	-=
	Zuweisung und Multiplikation: $a = a * b$	*=
	Zuweisung und Division: $a = a/b$	/=
	Zuweisung und Modulo-Division: $a = a\%b$	%=
Vergleichsoperationen	Falls wahr: Wert 1 (true)	
	Falls nicht wahr: Wert 0 (false)	
	Kleiner als: $a < e$	<
	Kleiner gleich: $a <= b$	<=
	Größer als	>
	Größer gleich	>=
	Gleich	==
	Ungleich	!=
Logische Operationen	Logischer UND-Operator	&&
	Logischer ODER-Operator	||
	Logischer NICHT-Operator	!
	Negation	()
Referenzierung	Referenzierungsoperator	&variable
	Ermittelt Adresse von der Variable, die als Zeiger übergeben wird	
Dereferenzierung	Dereferenzierungsoperator – erzeugt einen Zeiger –	*variable

Verzweigungen

Bestandteil	Syntax	Beispiel

einfache
einseitige
Verzweigung
	if (Bedingung)
	{
	Anweisung 1;
	Anweisung 2;
	:
	:
	Anweisung n;
	}
		if (a > 0)
		{ cout ≪ "a ist größer als 0"; }
		
		#include <iostream.h>
		int main()
		{ int a;
		cin ≫ a;
		if (a > 0)
		{ cout ≪ a ≪ "ist größer als 0";
		}
		getchar();
		return 0;
		}

einfache
zweiseitige
Verzweigung
	if (Bedingung)
	{ Anweisungsblock }
	else
	{ Anweisungsblock }
		if (a > 0)
		{ cout ≪ "a ist größer als 0";}
		else
		{ cout ≪ "a ist kleiner oder gleich 0"; }
		int main()
		{ int a;
		cin ≫ a;
		if (a > 0)
		{ cout ≪ "a ist größer als 0";
		}
		else
		{ cout ≪ "a ist kleiner oder gleich 0";
		}
		getchar();
		return 0;
		}

Bestandteil	Syntax	Beispiel

mehrfach	switch (Variable)
	{ case 1: Anweisung 1; break;
	:
	case n: Anweisung n; break;
	default: Anweisung; break;
		switch (Note)
		{ case 1: cout ≪ "sehr gut"; break;
		case 2: cout ≪ "gut"; break;
		
		case 6: cout ≪ "ungenügend"; break;
		default: cout ≪ "keine Note"; break;
		}
		#include <iostream.h>
		int main()
		{ int Note;
		cin ≫ Note;
		switch (Note)
		{ case 1: cout ≪ "sehr gut";
		break;
		case 2: cout ≪ "gut";
		break;
		case 6: cout ≪ "ungenügend";
		break;
		default: cout ≪ "keine Note";
		break;
		}
		getchar();
		return 0;
		}

Schleifen

Bestandteil	Syntax	Beispiel

Kopfgesteuerte Schleifen	while (Bedingung)
	{
	Anweisung 1;
	Anweisung 2;
	:
	:
	Anweisung n;
	}
		char a='j';
		while (a== 'j')
		{
		cout ≪ "Wiederholen ? J/N";
		cin ≫ a;
		}

Zählschleife	for (Zählbedingung)
	{
	Anweisung 1;
	Anweisung 2;
	:
	:
	Anweisung n;
	}
		for (i=0;i<11;i++)
		{ cout ≪ i;}

Fußgesteuerte Schleife	do
	{
	Anweisung 1;
	Anweisung 2;
	:
	:
	Anweisung n;
	}
	while (Bedingung)
		do
		{
		cout ≪ "Wiederholen ? J/N";
		cin ≫ a;
		}
		while (a == "j")

Klassen

Bestandteil	Syntax	Beispiel
Definition	Class Klassenname	class Korpus
	{	{
Zugriffsrecht:		
Daten	private: Variablendefinition;	private:float g,h,W;
Methoden	public: Funktionsdefinition;	public:void V()
		{ W=g*h; }
		void Eingabe()
		{
		cin ≫ g;
		cin ≫ h;
		}
		void Ausgabe();
		{ cout ≪ W;}
Instanziierung der Klasse	Klassenname Variablenname	Korpus K;
		(K wird Instanz von Korpus)
Nutzung der Instanzen	Variablenname.Funktion;	K.Eingabe;
		K.V
		K.Ausgabe;

Anhang B
Liste der Beispiele

Abschnitt	Nummer	Verfahren	Beispiel
3.2	3.2	qr	b3230
	3.3		b3240
3.3	3.4	cholesly	b3230
3.4	3.5	fibo	b3430
3.5	3.6	gold	b3430
3.6	3.7	newton1	b3642
	3.8		b3632
3.7	3.9	rkv	b3720
5.1	5.1	simplex	l5130
			l5230
5.2	5.3	revsim	l5230
			l5130
6.1	6.1	hildreth	q6130
	6.2		q6140
6.2	6.3	fletcher	q6130
	6.4		q6140
7.1	7.1	stoch	u7130
7.2	7.2	kos	u7130
7.3	7.3	polytop	u7130
7.4	7.4	grad	u7131
	7.5		u7141
7.5	7.6	cg	u7131
7.6	7.7	newton	u7132
	7.8		u7542
7.7	7.10	newtapp	u7131
7.8	7.11	quasinewton	u7131

Optimierung in C++, 1. Auflage. Claus Richter.

Abschnitt	Nummer	Verfahren	Beispiel
8.1	8.1	erwstoch	c8340
8.2	8.2	erwpoly	c8130
8.3	8.3	cut	c8331
			8351
8.4	8.4	wilson	c8432
8.5	8.5	ernewton	c8532
8.6	8.6	msb	c8632
10.1	10.1	karmarkar	i1013
	10.2		i1014
10.2	10.3	ipm	i1023
	10.4		l5230
11.1	11.1	parest1	p1121
	11.2	parest2	p1122
11.2	11.3	parest3	p1130
11.3	11.4	parest4	p1141
	11.5		p1142
	11.6		p1143
11.5	11.7	parest5	p1163
	11.8		p1163

Literatur

1 Kantorovich, L.V. (1939) *Matematiceskie metody organizacii i planirovanija proizvodstva*, Preprint LGU, Leningrad.
2 Dantzig, G. (1949) Programming in a linear structure. *Econometrica*, **17**, 73–74.
3 Bracken, J. und McCormick, G.P. (1968) *Selected Applications of Nonlinear Programming*, John Wiley & Sons, Inc, New York, London, Sydney, Toronto.
4 Beigtler, P. (1976) *Applied Geometric Programming*, John Wiley & Sons, Inc., New York.
5 Kraft, D. (1980) *TOMP – Fortran Modules for Optimal Control Calculations*, VDI Fortschritt-Berichte Reihe 8, Nr. 254, Düsseldorf 1991.
6 Lootsma, F. (1980) Ranking of nonlinear programming codes according to efficiencc and robustness, in *Konstruktive Methoden der nichtlinearen Optimierung* (Hrsg. L. Collatz, G. Meinardus, W. Wetterling), Birkhäuser, Basel.
7 Schittkowski, K. (1980) Nonlinear Programming Codes, *Lecture Notes in Economics and Mathematical Systems*, Bd. 183, Springer, Berlin, Heidelberg, New York.
8 Murray, W. (1969) An algorithm for constrained minimization, in *Optimization*, (Hrsg. R. Fletcher), Academic Press, London, New York.
9 Biggs, M.C. (1971) Computional experience with Murrays algorithm for constrained minimization, Technical Report No. 23, Numerical Optimization Center Hatfield, England.
10 Robinson, S.M. (1972) A quadratically convergent algorithm for general nonlinear programming problems. *Math. Progr.*, **3**, 145–156.
11 Hermann, M. (2006) *Differentialgleichungen: Anfangs- und Randwertprobleme*, Oldenbourg Wissenschaftsverlag, München.
12 Murtagh, B.A. (1984) *Advanced Linear Programming: Computation and Practice*, McGraw-Hill und Mir, Moskau.
13 Khachyian, L.G. (1979) A polynomial algorithm in linear programming. *Dokl. Akad. Nauk SSSR*, **244** (1), 1093–1096.
14 Hildreth, C. (1957) A Quadratic Programming Procedure, *Nav. Res. Log. Q.*, **4**, 79–85
15 Fletcher, R. (1991) *Practical Methods of Optimization. Vol. 2: Constrained Optimization*, John Wiley & Sons, Ltd, Chicester.
16 Goldfarb, D. und Idnani, A. (1982) Dual and primal-dual methods for solving strictly convex quadratic programs, in *Numerical Analysis*, (Hrsg. J.P. Hennart), Proceedings, Cocoyoc, Mexico 1981, Vol. 909 of Lecture Notes in Mathematics, Springer, Berlin, S. 226–239.
17 Schittkowski, K. (1981) The nonlinear programming method of Wilson, Han and Powell with augmented Lagrangian type line search function. *Numer. Math.*, **38**, 83–127,
18 Gill, P.E., Murray, W. und Wright, M.H. (1981) *Practical Optimization*, Academic Press, New York.
19 Schittkowski, K. (1985) *Computational Mathematical Programming*, Springer.
20 Hooke, R. und Jeeves, T.A. (1961) Direct search solution of numerical and statis-

Optimierung in C++, 1. Auflage. Claus Richter.

tical problems. *J. Assoc. Comput. Mach.*, **8**, 212–229.

21 Nelder, J.A. und Mead, R. (1965) A simplex method for function minimization. *Comput. J.*, **7**, 308–313.

22 Schwetlick, H. (1979) *Numerische Lösung nichtlinearer Gleichungen*. Deutscher Verlag der Wissenschaften, Berlin.

23 Kleinmichel, H., Koch, W., Richter, C. und Schönefeld, K. (1985) *Überlinear konvergente Verfahren der nichtlinearen Optimierung*, Studientext, TU Dresden.

24 Körner, E. und Richter, C. (1987) Eine global und lokal überlinear konvergente Regularisierung des Wilsonverfahrens. *Optimization*, **18**, 41–54.

25 Kleinmichel, H. (1982) Zur Anwendung von Quasi-Newton-Verfahren in der nichtlinearen Optimierung, Dissertation B, TU Dresden.

26 Box, M.J. (1965) A new method of constrained optimization and a comparison with other methods. *Comput. J.*, **8**, 42–52.

27 Grauer, M. (1983) Optimierung verfahrenstechnischer Systeme, in *Verfahrenstechnische Berechnungsmethoden, Teil 6, Verfahren und Anlagen*, Deutscher Verlag für Grundstoffindustrie, Leipzig, S. 110–151.

28 Gruhn, G., Grauer, M. und Pollmer, L. (1979) Eine Verfahrens- und Anlagenoptimierung mit einem modifizierten Complex-Verfahren. *Chem. Tech.*, **31**, 603–607.

29 Kelley, J.E. (1960) The cutting plane method for solving convex programs. *J. Soc. Int. Appl. Math.*, **8**, 703–712.

30 Richter, C. (1974) Cutting plane methods in convex optimization, 12. Colloquia Mathematica Societatis Janos Bolyai, Eger.

31 Richter, C. (1975) Ein Beitrag zur Untersuchung von Schnittebenenverfahren der konvexen Optimierung, Dissertation A, TU Dresden.

32 Kleibohm, k. (1966) Ein Verfahren zur approximativen Losung von konvexen Programmierung, Dissertation, Universität Zürich.

33 Topkis, D.M. (1970) Cutting plane methods without nested constraint sets. *Oper. Res.*, **18**, 404–419.

34 Robinson, S.M. (1974) Perturbed Kuhn-Tucker-Points and rates of convergence for a class of nonlinear programming algorithms. *Math. Progr.*, **7**, 1–16.

35 Han, S.P. (1976) Superlinearly convergent variable metric algorithms for general nonlinear programming problems. *Math. Progr.*, **11**, 263–282.

36 Fiacco, A.V. und McCormick, G.P. (1969) *Nonlinear Programming: Sequential Unconstrained Minimization Techniques*, John Wiley & Sons, Inc., New York, London, Sydney, Toronto.

37 Kleinmichel, H. und Schönefeld, K. (1988) Newton-type methods for nonlinearly constrained programming problems – Algorithms and theory. *Optimization*, **19**, 397–412.

38 Fischer, A. (1992) A spezial Newton-type optimization method. *Optimization*, **24**, 269–284.

39 Facchinei, F., Fischer, A. und Herrich, M. (2013) A family of Newton methods for nonsmooth constrained systems with nonisolated solutions. *Math. Methods Oper. Res.*, **77**, 433–443.

40 Rockafellar, R.T. (1976) Augmented Lagrangians and applications of the proximal point algorithm in convex programming. *Math. Oper. Res.*, **2**, 97–116.

41 Courant, R. (1943) Variational methods for the solution of problems of equilibrium and vibration. *Bull. Am. Math. Soc.*, **49**, 1–23.

42 Powell, M.J.D. (1969) A method for nonlinear constraints in minimization problems, in *Optimization*, Bd. I, Academic Press, London.

43 Wierzbicki, A.P. und Kurcyusz, S. (1977) Projections on a cone, penalty functionals and duality theory for problems with inequality constraints in Hilbert spaces. *SIAM J. Control Opt.*, **15**, 404–413.

44 Best, M.J., Bräuninger, J., Ritter, K. und Robinson, S.M. (1981) A globally an quadratically convergent algorithm for general nonlinear programming problems. *Computing* **26**, 141–153

45 Kleinmichel, H., Richter, C. und Schönefeld, K. (1982) On the global and superlinear convergence of a discretized

version of Wilson's method. *Computing*, **29**, 289–307.

46 Psenichny, B.N. (1983) *The Method of Linearization*, Nauka, Moskau (in Russisch).

47 Richter, C. und Schönefeld, K. (1986) Hybrid methods in nonlinear programming, *Lect. Notes Control Inf. Sci.*, **84**, 745–750.

48 Elster, K.-H., Reinhardt, R., Schäuble, M. und Donath, G. (1972) *Einführung in die nichtlineare Optimierung*, BSB B. G. Teubner Verlagsgesellschaft, Leipzig.

49 Bonnans, J.F. und Gabay, D. (1984) Un programmation succesive, in *Numerical solution of nonlinear problems*, (Hrsg. J.L. Lions, E. Magenes und G.I. Marchuk), INRIA, Rocqenfoert.

50 Elster, K.-H. und R. Reinhardt (1987) Über Abstiegsmethoden in Lösungsverfahren der nichtlinearen Optimierung, *Wiss. Z. Tech. Hochsch. Ilmenau*, **33** (6), 59–74.

51 Bernau, H. (1987) Sequentielle Programmierungsverfahren, Working Paper MO/72 MTA SZTAKI, Budapest.

52 Rockafellar, R.T. (1974) Augmented Lagrange multiplier functions and duality in nonconvex programming, *SIAM J. Control Opt.*, **12**, 268–285.

53 Tone, K. (1983) Revisions of constrained approximation in successive QP-methods for nonlinear programming problems. *Math. Programm.*, **26**, 144–152.

54 Powell, M.J.D. (1970) A hybrid method for nonlinear equations, in *Numerical Methods for Nonlinear Algebraic Equations*, (Hrsg. P. Rabinowitz), Gordon and Breach.

55 Richter, C. (1980) Über die numerische Behandlung nichtlinearer Optimierungsaufgaben mit Hilfe von verallgemeinerten Variationsungleichungen und von Nichtoptimalitätsmaßen, Dissertation B, TU Dresden.

56 Ishutkin, V.S. und Schönefeld, K. (1986) On the globalization of Wilson-type methods by means of generalized reduced gradient methods, *Computing*, **37**, 151–169.

57 Burdakov, O. und Richter, C. (1987) Parallel hybrid optimization methods. *Lect. Notes Oper. Syst. Man. Sci.*, **30**, 416- 424.

58 Burkhardt, S. und Richter, C. (1982) Ein Prädiktor-Korrektor-Verfahren der nichtlinearen Optimierung. *Wiss. Z. Tech. Univ. Dresden*, **31**, 193–198.

59 Lehmann, R. (1985) Zu Einbettungsverfahren in der nichtlinearen Optimierung, Dissertation, Humboldt-Universität zu Berlin.

60 Huard, P. (1967), Resolution of mathematical programs with nonlinear constraints by the method of centers, in *Nonlinear Programming*, (Hrsg. J. Abadie), John Wiley & Sons, New York.

61 Karmarkar, N. (1984) A new polynomial-time algorithm for linear programming. *Combinatorics*, **4**, 373–395.

62 Nocedal, J. und Wright, S. (2006) *Numerical Optimization*, Springer Series in Operations Research and Financial Engineering, 597 Seiten.

63 Fourer, R. (2005) Solving linear programs by interior-point methods, in *Optimization Methods Draft*, Bd. III, Department of Industrial Engineering, Northwestern University Evanston.

64 Dennis Jr., J.E. und Schnabel, R.B. (1983) Numerical methods for unconstrained optimization and nonlinear equations, Prentice Hall, Inc., Englewood Cliffs.

65 Bock, H.G. (1983) Recent advances in parameter identification techniques for ODE, in *Numerical Treatment of Inverse Problems in Differential and Integral Equations*, (Hrsg. P. Deuflhard and E. Hairer), Birkhäuser, Basel, S. 95–121.

66 Richter, C. und Renner, B. (1991) Efficient Methods for Solving Optimal Control Problems, Nonlinear Programming – Algorithms, Software, Applications, Akademie-Verlag Berlin, S. 99–110.

67 Hörnlein, H. und Schittkowski, K. (1993) *Software Systems for Structural Optimization*, Birkhäuser, Basel.

68 Richter, C. und Weber, C.-T. (1992) Ein Beitrag zur Strukturoptimierung *Wiss. Z. Tech. Hochsch. Köthen*, **3**, 1–5.

Stichwortverzeichnis

Optimierung in C++, 1. Auflage. Claus Richter.